材料新技术书库

生物质纳米纤维及其在气凝胶领域的应用

陈贵翠　著

中国纺织出版社有限公司

内 容 提 要

本书全面系统地介绍了生物质纳米纤维材料的研发、制备、设计及应用中的关键问题、热点问题和前瞻性问题，涉及典型生物质纳米纤维材料及纤维素凝胶球、纤维素气凝胶材料的应用和性能评价的思路、途径及方法。

本书既可作为高等院校纺织工程、非织造材料与工程、高分子材料与工程等专业师生的参考用书，也可供相关专业的师生、企业和科研院所的工程技术人员阅读。

图书在版编目（CIP）数据

生物质纳米纤维及其在气凝胶领域的应用／陈贵翠
著．--北京：中国纺织出版社有限公司，2023.12
（材料新技术书库）
ISBN 978-7-5229-1263-9

Ⅰ．①生… Ⅱ．①陈… Ⅲ．①生物质-纳米材料-纤维素-应用-气凝胶-研究 Ⅳ．①TB383②TQ427.2

中国国家版本馆 CIP 数据核字（2023）第 241157 号

责任编辑：范雨昕 陈彩虹 责任校对：高 涵
责任印制：王艳丽

中国纺织出版社有限公司出版发行
地址：北京市朝阳区百子湾东里 A407 号楼 邮政编码：100124
销售电话：010—67004422 传真：010—87155801
http://www.c-textilep.com
中国纺织出版社天猫旗舰店
官方微博 http://weibo.com/2119887771
三河市宏盛印务有限公司印刷 各地新华书店经销
2023 年 12 月第 1 版第 1 次印刷
开本：787×1092 1/16 印张：12
字数：253 千字 定价：88.00 元

在过去的几十年里，人们对绿色可持续发展日益关注，激发了可再生生物质资源在基础领域和应用方面的研究。天然植物纤维素是地球上最丰富的生物质聚合物。纤维素、木质素和半纤维素是天然纤维素材料的主要成分，其结构组成随气候和生长条件、种类、组织和细胞壁成熟度而变化。纤维素分子上存在游离的羟基，使纳米纤维在化学处理的过程中有更多葡萄糖裸露在表面，这为纳米纤维的开发与应用提供了化学基础。纤维素纳米纤维的长度为几百纳米、宽度为 5~50nm，具有无毒、可再生、可生物降解、稳定性好、高比表面积、高结晶度、高长径比、优越的力学性能、低密度、低成本的特点，因而在纳米复合材料、药物传递、吸附领域及过滤领域应用广泛。

棕榈纤维具有低密度、高强度、可生物降解、来源丰富、价格低的特点，是优良的生物质资源的重要原料。天然桑皮纤维作为绿色纺织品或生态纺织品的典型产品原料，既具有棉花的特性，又具有麻纤维的许多优点。研究棕榈纤维和桑皮纤维具有较大的学术意义和开发价值。

本书对桑皮纤维、桑皮纳米纤维素凝胶球的载药性能以及棕榈纤维（WPF）的脱胶工艺展开研究，采用先进的测试手段表征棕丝和 WPF 的形貌和化学成分，建立 WPF 的化学成分与聚集态结构的关系，并优化棕榈纳米纤维（WPNF）的制备工艺。以 WPF 为原料，开发具有保温、吸声、优良压缩性能等复合功能的海藻酸钠/棕榈纤维气凝胶，以过硫酸铵氧化法制备的棕榈纳米纤维（AP-WPNF）为原料，制备纳米纤维气凝胶吸附剂，并探究吸附剂在吸附染料、重金属离子方面的应用。

本书综合了笔者近年来有关生物质纳米纤维素制备、纤维素凝胶球和纤维素气凝胶功能应用等方面的研究成果，包括纳米纤维素的绿色、高得率制备方法，纳米纤维素功能材料的设计与组装、纤维素气凝胶材料在吸附领域的应用等。本书第 1 章为绪论；第 2 章阐述了桑皮纤维/海藻酸钠凝胶球的制备及表征，深入研究了桑皮纤维/海藻酸钠凝胶球的载药性能；第 3 章阐述了桑皮纳米纤维的制备及表征；第 4 章阐述了桑皮纳米纤维/壳聚糖/海藻酸钠凝胶球的制备及表征，重点探究桑皮纳米纤维/壳聚糖/海藻酸钠凝胶球的载药机理；第 5 章阐述了棕榈纤维制备的工艺优化及表征；第 6 章阐述了不同化学方法制备棕榈纳米纤维，重点探究过硫酸铵氧化法制备棕榈纳米纤维的工艺优化及不同化学方法制备的棕榈纳米纤维的性能比较；第 7 章阐述了棕榈纤维复合气凝胶的制备及表征；第 8 章阐述了棕榈纳米纤维气凝胶的制备及表征；第 9 章阐述了棕榈纳米纤维气凝胶的吸附性能研究。本书具有较高的理论和学术价值，为生物质纤维提取纳米纤维素的绿色高效制备和在吸附性功能材料领域的利用提供了重要的科学依据和研究方法，为生物质纤维功能材料的开发和应用提供了理论基础。本书可作为高等院校纺织工程、非织造材料与工程、高分子材料与工程等专业师生的参考用书，也可供相关专业师生、企业和科研院所的工程技术人员阅读。

本书由陈贵翠著。感谢团队成员刘玲通力协作，确保了本书的顺利出版。感谢刘洪芹、王尧、徐霜、代莹莹、夏琳，为本书提供了丰富的资料。本书的研究工作得到了江苏省高校国际化人才培养品牌专业建设项目——现代纺织技术〔苏教外函（2022）8号〕、江苏省阻燃纤维及功能性纺织品关键技术创新平台（2022JMRH-003）、江苏高校中青年学术带头人培养对象〔苏教师函（2020）42号〕、中国纺织工业联合会科技指导性项目、盐城工业职业技术学院博士科研启动项目/盐城工业职业技术学院博士基金项目（ygy2203/ygy2101）的资助，笔者在此表示诚挚的感谢。

在编写本书的过程中笔者始终保持着认真严谨的态度，但由于水平有限，书中不足之处在所难免，恳请广大读者和同行批评指正。

著者

2023年8月于江苏盐城

目　录

第1章　绪论 ·· 1

1.1　课题的研究现状概述·· 2

   1.1.1　棕榈纤维的研究现状·· 2

   1.1.2　纤维素纳米纤维制备的研究现状·· 3

   1.1.3　纤维素气凝胶在水污染处理领域应用的研究现状·················· 11

1.2　研究目的与研究内容·· 18

   1.2.1　研究目的··· 18

   1.2.2　研究内容··· 18

1.3　研究的创新点··· 19

第2章　桑皮纤维/海藻酸钠凝胶球的制备及表征 ························· 21

2.1　引言·· 21

2.2　桑皮纤维/海藻酸钠凝胶球的制备 ·· 21

   2.2.1　实验材料··· 21

   2.2.2　实验仪器··· 21

   2.2.3　实验过程··· 22

2.3　桑皮纤维/海藻酸钠凝胶球的表征 ·· 24

   2.3.1　MBSH 水凝胶的流变性能表征 ·· 24

   2.3.2　MBSA 凝胶球的 TM3030 形貌测试 ····································· 24

   2.3.3　MBSA 凝胶球的 X 射线能谱测试 ······································· 24

   2.3.4　MBSA 凝胶球的体积收缩率测试 ·· 25

   2.3.5　MBSA 凝胶球的密度测试 ·· 25

   2.3.6　MBSA 凝胶球的傅里叶红外光谱测试 ·································· 25

   2.3.7　MBSA 凝胶球的 X 射线衍射测试 ······································· 25

   2.3.8　MBSA4 凝胶球的抗菌性能测试 ··· 26

   2.3.9　MBSA4 凝胶球的溶胀性能测试 ··· 26

   2.3.10　MBSA4 凝胶球的载药性能测试 ·· 26

2.4　结果与讨论··· 27

   2.4.1　MBSH 水凝胶的流变性能分析 ·· 27

   2.4.2　MBSA 凝胶球的形貌分析 ·· 32

1

2.4.3　MBSA 凝胶球的元素分析 ……………………………………………… 33

2.4.4　MBSA 凝胶球的体积收缩率分析 …………………………………… 34

2.4.5　MBSA 凝胶球的密度分析 …………………………………………… 35

2.4.6　MBSA 凝胶球的红外光谱分析 ……………………………………… 36

2.4.7　MBSA 凝胶球的 X 射线衍射分析 …………………………………… 37

2.4.8　MBSA4 凝胶球的抗菌性能分析 ……………………………………… 38

2.4.9　MBSA4 凝胶球的溶胀性能分析 ……………………………………… 38

2.4.10　MBSA4 凝胶球的载药性能分析 …………………………………… 39

2.5　结论 …………………………………………………………………………… 41

第 3 章　桑皮纳米纤维的制备及表征 ……………………………………………… 42

3.1　引言 …………………………………………………………………………… 42

3.2　桑皮纳米纤维的制备 ……………………………………………………… 42

3.2.1　实验材料 …………………………………………………………… 42

3.2.2　实验仪器 …………………………………………………………… 42

3.2.3　实验过程 …………………………………………………………… 43

3.3　桑皮纳米纤维的表征 ……………………………………………………… 44

3.3.1　纤维物理性能表征 ………………………………………………… 44

3.3.2　桑皮纳米纤维表面形貌分析 ……………………………………… 45

3.3.3　桑皮纳米纤维比表面积表征 ……………………………………… 46

3.4　结果与讨论 ………………………………………………………………… 46

3.4.1　桑皮纳米纤维素制备单因素试验结果与分析 …………………… 46

3.4.2　实验结果与模型建立 ……………………………………………… 48

3.4.3　桑皮纳米纤维制备工艺优化 ……………………………………… 50

3.4.4　桑皮纳米纤维物理性能试验结果 ………………………………… 51

3.4.5　桑皮纳米纤维的形貌分析 ………………………………………… 51

3.4.6　桑皮纳米纤维的比表面积分析 …………………………………… 52

3.5　结论 …………………………………………………………………………… 53

第 4 章　桑皮纳米纤维/壳聚糖/海藻酸钠凝胶球的制备及表征 ……………… 54

4.1　引言 …………………………………………………………………………… 54

4.2　桑皮纳米纤维/壳聚糖/海藻酸钠凝胶球的制备 …………………………… 54

4.2.1　实验材料 …………………………………………………………… 54

4.2.2　实验仪器 …………………………………………………………… 54

4.2.3　实验过程 …………………………………………………………… 55

4.3　桑皮纳米纤维/壳聚糖/海藻酸钠凝胶球的表征 …………………………… 56

4.3.1 MNSA 凝胶球的形貌测试 ·· 56

4.3.2 MNSA 凝胶球的体积收缩率测试 ·································· 56

4.3.3 MNSA 凝胶球的密度测试 ·· 56

4.3.4 MNSA5 凝胶球的溶胀性能测试 ······································ 57

4.3.5 MNSA5 凝胶球的抗菌性能测试 ······································ 57

4.3.6 MNSA5 凝胶球的载药性能测试 ······································ 57

4.4 结果与讨论 ··· 57

4.4.1 MNSA5 凝胶球的形貌分析 ··· 57

4.4.2 MNSA 凝胶球的体积收缩率分析 ··································· 58

4.4.3 MNSA 凝胶球的密度分析 ·· 59

4.4.4 MNSA5 凝胶球的溶胀性能分析 ······································ 60

4.4.5 MNSA5 凝胶球的抗菌性能分析 ······································ 61

4.4.6 MNSA5 凝胶球的载药性能分析 ······································ 62

4.5 结论 ·· 63

第 5 章 棕榈纤维制备的工艺优化及表征 ··································· 65

5.1 引言 ·· 65

5.2 棕榈纤维制备的工艺优化 ··· 66

5.2.1 实验原料与试剂 ·· 66

5.2.2 实验仪器 ··· 66

5.2.3 WPF 的脱胶实验方案设计 ·· 66

5.2.4 WPF 的化学成分与物理性能间灰色模型的建立方法 ·········· 67

5.3 棕榈纤维的表征 ·· 68

5.3.1 WPF 的化学成分测试 ·· 68

5.3.2 WPF 的结晶度测试 ··· 69

5.3.3 WPF 的中空度测试 ··· 69

5.3.4 棕丝和 WPF 的形貌测试 ·· 69

5.3.5 棕丝和 WPF 的红外光谱测试 ··· 70

5.3.6 棕丝和 WPF 的拉曼光谱测试 ··· 70

5.4 结果与讨论 ··· 70

5.4.1 WPF 的化学成分分析 ·· 70

5.4.2 WPF 的 X 射线衍射分析 ··· 72

5.4.3 WPF 的灰色模型建立 ·· 72

5.4.4 WPF 的中空度分析 ··· 77

5.4.5 棕丝和 WPF 的形貌分析 ·· 77

5.4.6 棕丝和 WPF 的傅里叶变换红外光谱图分析 ······················ 78

5.4.7 棕丝和 WPF 的拉曼光谱分析 ·· 79

5.5 本章小结 ··· 80

第6章 棕榈纳米纤维的制备、工艺优化及表征 ······················ 82

6.1 引言 ··· 82

6.2 棕榈纳米纤维的制备 ··· 83

6.2.1 实验材料 ·· 83

6.2.2 实验仪器 ·· 83

6.2.3 过硫酸铵氧化法棕榈纳米纤维的制备 ······························ 83

6.2.4 碱—尿素低温溶解法棕榈纳米纤维的制备 ·························· 84

6.2.5 硫酸水解法棕榈纳米纤维的制备 ·································· 85

6.3 响应面法实验设计 ··· 85

6.3.1 AP-WPNF 制备的单因素试验 ····································· 85

6.3.2 AP-WPNF 的 CCD 实验设计 ····································· 85

6.4 棕榈纳米纤维的表征 ··· 86

6.5 结果与讨论 ··· 87

6.5.1 AP-WPNF 的单因素试验结果与分析 ······························ 87

6.5.2 AP-WPNF 的 CCD 模型建立与分析 ································ 89

6.5.3 AP-WPNF 的形貌分析 ··· 95

6.5.4 AP-WPNF 的氧化度分析 ··· 98

6.5.5 棕榈纳米纤维的 X 射线衍射分析 ································· 99

6.5.6 AP-WPNF 的红外光谱分析 ······································· 101

6.5.7 AP-WPNF 的电位分析 ··· 102

6.6 本章小结 ·· 103

第7章 棕榈纤维复合气凝胶的制备及表征 ··························· 104

7.1 引言 ··· 104

7.2 棕榈纤维复合气凝胶的制备 ··· 104

7.2.1 实验材料与试剂 ·· 104

7.2.2 实验仪器 ·· 104

7.2.3 FW/SAA 的制备 ·· 105

7.2.4 FW/SAEA 的制备 ··· 105

7.3 棕榈纤维复合气凝胶的表征 ··· 106

7.4 结果与讨论 ··· 107

7.4.1 SAA 和 FW/SAA 的 SEM 形貌分析 ······························· 107

7.4.2 FW/SAA 的 X 射线能谱分析 ····································· 109

7.4.3　SAA 和 FW/SAA 的体积收缩率分析 ································ 109

7.4.4　SAA 和 FW/SAA 的密度和孔隙率分析 ······················· 110

7.4.5　SAA 和 FW/SAA 的溶胀性能分析 ······························· 110

7.4.6　SAA 和 FW/SAA 的红外光谱分析 ······························· 112

7.4.7　SAA 和 FW/SAA 的 X 射线衍射分析 ···························· 112

7.4.8　SAA 和 FW/SAA 的力学性能分析 ······························· 114

7.4.9　SAA 和 FW/SAA 的保温性能分析 ······························· 116

7.4.10　SAA 和 FW/SAA 的声学性能分析 ······························ 116

7.4.11　SAEA 和 FW/SAEA 的超疏水性能分析 ······················ 118

7.5　本章小结 ··· 119

第 8 章　棕榈纳米纤维气凝胶的制备及表征 ································· 121

8.1　引言 ·· 121

8.2　棕榈纳米纤维气凝胶的制备 ··· 121

8.2.1　实验材料 ·· 121

8.2.2　实验仪器 ·· 121

8.2.3　实验过程 ·· 121

8.3　棕榈纳米纤维气凝胶的表征 ··· 122

8.4　结果与讨论 ··· 123

8.4.1　HPHNA 的形貌分析 ·· 123

8.4.2　HPHNA 的体积收缩率分析 ·· 123

8.4.3　HPHNA 的密度和孔隙率分析 ··· 124

8.4.4　HPHNA 的 X 射线衍射分析 ··· 125

8.4.5　HPHNA 的热行为分析 ··· 126

8.4.6　HPHNA 的力学性能分析 ·· 127

8.4.7　HPHNA 的比表面积分析 ·· 129

8.5　本章小结 ··· 129

第 9 章　棕榈纳米纤维气凝胶的吸附性能研究 ···························· 131

9.1　引言 ·· 131

9.2　棕榈纳米纤维气凝胶的元素分布测定与吸附实验 ·················· 132

9.2.1　实验材料 ·· 132

9.2.2　实验仪器 ·· 132

9.2.3　HPHNA 的元素分布测定 ·· 132

9.2.4　HPHNA 的吸附实验 ·· 132

9.3　结果与讨论 ··· 134

9.3.1　HPHNA 吸附重金属离子的 EDS 能谱分析 ································ 134

9.3.2　HPHNA 对染料的吸附性能分析 ···································· 137

9.3.3　HPHNA 对重金属离子的吸附性能分析 ························· 149

9.3.4　HPHNA 的再生性能分析 ··· 160

9.4　本章小结 ··· 161

第 10 章　结论 ··· 163

参考文献 ·· 167

第1章 绪论

在过去的几十年里，人们对绿色可持续发展的需求日益增长，激发了可再生生物质纳米材料资源在基础领域和应用方面的研究。纤维素纳米纤维（CNFs）作为最有前途的可持续纳米材料之一，是一种天然纤维生物质聚合物，可从天然植物和动物组织中提取，如木质、细菌、包覆体、藻类、植物纤维等。CNFs 长度在上百纳米、宽度在 5～50nm，具有无毒、可再生、生物降解、稳定性好、高比表面积、高结晶度、高长径比、优越的力学性能、低密度、低成本等特点，因而在纳米复合材料、药物传递、吸附领域、过滤等领域具有广泛应用。

天然植物纤维素是地球上最丰富的生物聚合物之一，年产量约为 1.5×10^{12}t。纤维素、木质素和半纤维素是天然纤维素的主要成分，其结构组成随气候和生长条件、种类、组织和细胞壁成熟而变化。纤维素分子链由 β-1,4-葡萄糖糖苷键通过共价键和氢键连接而成，如图 1-1 所示。因纤维素分子上存在游离羟基，使得纤维素纳米纤维在化学处理的过程中，更多的葡萄糖裸露在表面，这为纤维素纳米纤维的修饰开发应用提供了化学基础。根据纤维素分子链的聚集态结构，纤维素分子链具有有序排列和良好取向性的结晶区和无规则排列的无定形区。结晶区主要分布在微纤丝的内层，而无定形区主要分布在微纤丝的外层。若干微纤丝连接构成直径在 10～20nm、具有网络结构的微细纤维，若干微细纤维又构成纤维（fibrils 或 fiber）。

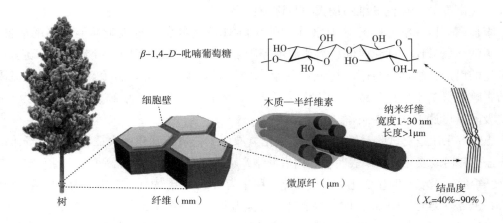

图 1-1 纤维素纤维结构细节

从各种各样的植物中提取出来的 CNFs，其尺寸、结构和形貌取决于纤维素的来源和制备条件。纤维素的来源包括甘蔗渣、棉纤维、糖棕榈、油棕榈等。现有的纤维素纳米纤维（CNFs）或纤维素纳米晶（CNC）的制备技术有化学法，如磷酸和硫酸等无机酸水解、二羧酸水解、碱化以及用次氯酸盐催化氧化等；物理机械解体法，其机械处理方式，如高压匀质处理、高强超声处理、微射流处理、冷冻破碎处理、超细研磨处理；除此之外还有生物法等。

棕榈纤维作为天然生物质资源，其来源广泛，可生物降解，是 CNF 制备的优良原料。目前，CNF 的研究集中于对现有技术的优化和替代方法的开发，这些方法可以使生产过程受益或赋予纳米复合材料新的性能，CNF 不同形式的产品，如粉末、水凝胶、气凝胶以及 CNF 的工业化和市场化问题。因此，本节重点对近年来棕榈纤维、CNF 生产、CNF 气凝胶及 CNF 气凝胶在吸附领域的应用方面取得的进展进行综述。

1.1　课题的研究现状概述

1.1.1　棕榈纤维的研究现状

翟丽丽等研究不同碱法预处理后棕榈空果串纤维的成分含量变化及其酶解糖化效果。结果表明：NaOH 预处理后木质素去除量高，纤维素含量、半纤维素含量高于 $Ca(OH)_2$，KOH 预处理后的含量，分别为 53.8% 和 23.6%。酶解 NaOH 预处理后的棕榈空果串纤维制备得到葡萄糖 33.0g/L、木糖 17.5g/L。

刘鑫等研究加热温度和加热时间对棕榈纤维拉伸性能的影响。结果表明：随着加热温度的上升，断裂强度和断裂伸长率逐渐降低，棕榈纤维的杨氏模量逐渐变大，加热温度达到 160~180℃时纤维的拉伸性能发生突变。随着加热时间的延长，断裂强度和断裂伸长率逐渐降低，棕榈纤维的杨氏模量逐渐增大。

李佳丽等以棕榈叶鞘纤维为原料，利用 KOH 活化制备一种吸附性能优良的活性炭，分析了活化质量比、活化时间、活化温度等因素对吸附性能的影响。结果表明，随着活化质量比的增加，活性炭吸附亚甲基蓝的量先增加后减少，活化时间和活化温度对吸附性能的影响趋势基本保持一致；当活化质量比为 1:1、活化时间为 2h、活化温度为 800℃时，吸附量可达 199.263mg/g。

王寒等采用正交试验对棕榈纤维过氧化氢漂白工艺进行优化，表征漂白前后纤维的结构、强力和白度变化。结果表明：漂白后纤维亲水基团数量增多，提高了亲水性，漂白前后棕榈纤维的结晶度无明显变化。当过氧化氢用量为 4.5%，渗透剂 JFC 用量为 3%，硅酸钠用量为 0.35%（95℃，50min）时，棕榈纤维的强力及失重率损失最小，白度最好。

王蜀研究了棕榈纤维紫外线屏蔽性能及机理，通过不同的紫外灯和红外灯照射，发现由于黑色素和木质素的双重贡献，棕榈纤维具有优异的紫外线屏蔽性能。谷昊伟研究了棕榈纤维及其棕榈纤维床垫的压缩性能，并通过力学模型进行了理论机理研究。

Chen 等研究了棕榈纤维非织造布的过滤性能、透气性能和吸声性能。结果表明对于棕榈纤维非织造布材料，过滤效率与空气的相关性渗透率呈负相关。对于棕榈纤维/棕榈纤维束非织造布材料，当棕榈纤维素的含量超过 40% 时，过滤效率最高，为（77.17±

2.06)%，透气性为（88.22±4.97）mm³／（mm²·s）。添加聚乙烯醇的非织造布增大了材料的孔隙率，改善了材料的过滤性能，过滤效率为（88.87±1.75）%，渗透率为（92.18±3.59）mm³／（mm²·s），具有的吸声系数约为0.36。

Chen等研究了来自不同部位的棕榈纤维的理化性能、形貌和热稳定性。叶鞘纤维素含量最高达到52.26%，取自棕榈维管束的单纤维具有细长的线状，呈一段封闭的纺锤状，这些纤维的化学性质相似，但具有不同的形态学参数。叶鞘单纤维的纤维长度为（1240±470）μm，热分解的温度达到319℃，可作为增强材料的基体。

Chen等研究了不同处理方式获得的棕榈纤维的形貌和力学性能。漂白剂处理去除了大部分硅体以及木质素，使纤维表面变得光滑，增加了50%的中空度。碱化处理去除了大部分半纤维素，增加了材料表面的粗糙度，中空度下降了28%。采用纳米压痕和动态力学分析方法研究材料的力学性能，碱化后的棕榈纤维纤维素含量最高，拉伸强度、断裂伸长率和弹性模量分别为（119.37±27.21）MPa，（30.58±5.87）%和（10.75±4.30）GPa。

Chen等研究采用碱处理和乙酰化处理对棕榈纤维进行改性。这些处理使纤维表面变得疏水，增加了纤维的比表面积和中空度。扫描电镜观察结合傅里叶变换红外光谱分析表明，乙酰化处理使羟基被乙酰基取代，形成了10～50nm的纳米孔。吸湿性和接触角试验结果表明，乙酰化处理后，回潮率降至3.86%，接触角提高到140°以上。

1.1.2 纤维素纳米纤维制备的研究现状

1.1.2.1 化学法

Dheeraj Ahuja等采用烧碱预处理法，从废黄麻袋中同步提取黄麻纳米纤维和木质素。碱煮可以降低木质纤维素的生物活性，导致半纤维素水解成糖。红外光谱结果证实了碱煮过程中有效去除了黄麻纤维中的木质素和半纤维素。扫描电镜观察到圆柱形纤维素纳米纤维的非晶态和晶态区域的团聚体。采用TEM表征碱煮后黄麻纤维的尺寸减小到12～18nm，如图1-2所示。研究证实了采用碱煮一浴法去除半纤维素的同时，提取出了黄麻纳米纤维和木质素。

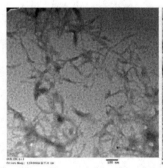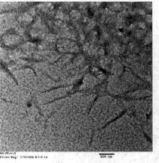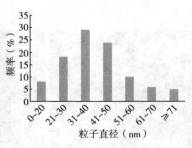

（a）黄麻纳米纤维的TEM图　　　　（b）黄麻纳米纤维直径分布

图1-2　黄麻纤维提取的纳米纤维

Sandra A. Nascimento 为了提高水解效率全面利用纤维素生物质资源，采用三种提取生物质木质素、纳米纤维的预处理方法：浓碱（NaOH，4%）—过氧化物（H_2O_2，7%）反应法，稀碱（NaOH，2%）—过氧化物（H_2O_2，2.6%）反应法，稀酸（H_2SO_4，1%）—稀碱（NaOH，2%）反应法，研究大象草叶纳米纤维、可溶性木质素的提取方法。三种方法制备得到的纤维化学成分含量与纳米纤维表征参数见表 1-1 和表 1-2。荞麦壳和稻米壳制备的高温氧化纤维素纳米纤维的原子力显微镜图和性质如图 1-3 所示。

表 1-1　大象草叶纤维的化学成分含量测定（值用平均值±标准差表示）

样品	纤维素（%）	半纤维素（%）	木质素（%）	灰分（%）	总量（%）
NaOH（4%）—H_2O_2（7%）	72.5±1.5	12.9±0.2	9.2±0.2	0.1±0.01	94.7±2
NaOH（2%）—H_2O_2（2.6%）	67.5±0.7	18.3±2.0	9.9±0.1	0.4±0.05	96.1±2.9
H_2SO_4（1%）—NaOH（2%）	83.5±0.1	2.8±1.1	10.5±0.1	0.02±0.01	96.8±1.4

表 1-2　大象草叶纳米纤维的表征参数

性能	NaOH（4%）—H_2O_2（7%）	NaOH（2%）—H_2O_2（2.6%）	H_2SO_4（1%）—NaOH（2%）
长度（nm）	150±44	278±111	167±45
直径（nm）	5.0±1.0	6.5±2.2	5.2±1.5
比表面积	30±12	44±18	34±13
得率（%）	52±2	34±2	53±2
结晶度指数（%）	77	72	76
Zeta 电位（mV）	−39±4	−47±6	−50±4

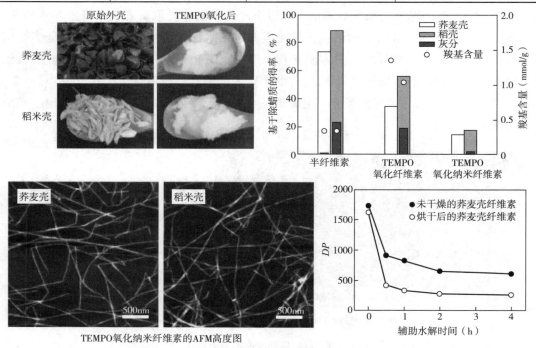

图 1-3　荞麦壳和稻米壳制备的高温氧化纤维素纳米纤维的原子力显微镜图和性质

R. A. Ilyas 等采用酸处理法结合碱化处理从糖棕榈中提取纳米纤维，采用 60%（质量分数）的浓硫酸从纤维素中提取纳米纤维，糖棕榈纤维在不同处理阶段的化学组分见表 1-3，采用扫描电子显微镜（FESEM）、原子力显微镜（AFM）和透射电镜（TEM）获得纤维素纳米纤维的形貌如图 1-4 所示。提取出糖棕榈纳米纤维的长度和直径分别为（130±30）nm 和（9±1.96）nm。

表 1-3　糖棕榈纤维在不同处理阶段的化学组分

样品	纤维素（%）	半纤维素（%）	全纤维素（%）	木质素（%）	提取率（%）	灰分（%）
糖棕榈纤维	43.88	7.24	51.12	33.24	2.73	1.01
漂白处理	56.67	19.8	76.47	0.27	0.23	2.16
碱处理	82.33	3.97	86.3	0.06	—	0.72

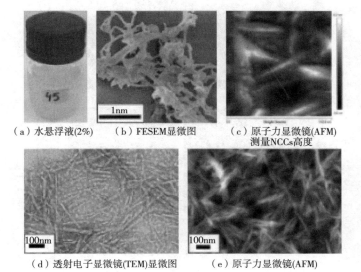

（a）水悬浮液(2%)　（b）FESEM显微图　（c）原子力显微镜(AFM)测量NCCs高度

（d）透射电子显微镜(TEM)显微图　（e）原子力显微镜(AFM)

图 1-4　糖棕榈提取的纳米纤维

Adriana de Campos 等以油棕榈的果皮纤维（OPMF）为原料，采用漂白工艺获得纳米纤维，OPMF 的化学组分见表 1-4。然后用硫酸水解结合微流化来精准控制纳米纤维的长度，避免热稳定性随酸解水解时间的延长而下降。实验结果表明，酸水解 105min 得到的纳米纤维平均长度（L）为（117±54）nm，直径（D）为（10±5）nm，长径比约为 12。然后对悬浮液透析至中性后进行微流化处理，得到的纳米纤维尺寸没有发生变化，悬浮状态稳定，但结晶度下降。将水解时间从 105min 增加到 140min，获得的纳米纤维数量更多，热稳定性下降，但结晶度高于微流化样品。研究表明，这种方法提取纤维素纳米晶须是可行的，有助于减少环境污染和浪费。不同制备阶段获得纤维的 SEM 形貌如图 1-5 所示，纳米纤维的 TEM 形貌如图 1-6 所示。

表1-4 OPMF 的化学组分

组分	百分比（%）
提取物	16.5±0.7
不可溶性木质素	44±4
可溶性木质素	1.1±0.5
全纤维素	35.2±0.9
A-纤维素	17.3±0.5
半纤维素	17.9±0.5
灰分	4.7±0.02
水分	5.1±0.9

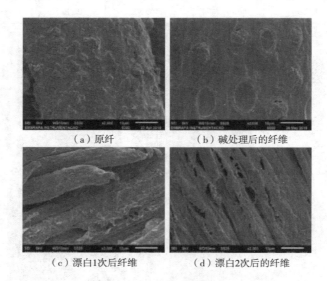

（a）原纤　　　　　　　（b）碱处理后的纤维

（c）漂白1次后纤维　　　（d）漂白2次后的纤维

图1-5 油棕榈纤维的 SEM 形貌

（a）经105min酸水解后的TEM图　（b）经105min酸水解+机械　（c）纳米晶须　（d）经140min酸水解后的TEM图
　　　　　　　　　　　　　　　　剪切后的TEM图　　　　经105min酸水
　　　　　　　　　　　　　　　　　　　　　　　　　　解+机械剪切后
　　　　　　　　　　　　　　　　　　　　　　　　　　的照片

图1-6 油棕榈的果皮纳米纤维的 TEM 形貌

Isogai A 等采用 TEMPO 氧化法提取纳米纤维（TEMPO-oxidized cellulose nanofibrils，TOCN）。TEM 形貌结果显示，获得的纳米纤维宽度为 20~40μm，长度为 1~3mm，对纤维经过柔和的机械处理后获得的纳米纤维宽度约为 3nm，长度约为 500nm，木材纳米纤维中羧酸盐含量大于 1mmol/g，如图 1-7 所示。利用自组装和有序排列的 TOCN/水分散体制备的各种新材料如图 1-8 所示。

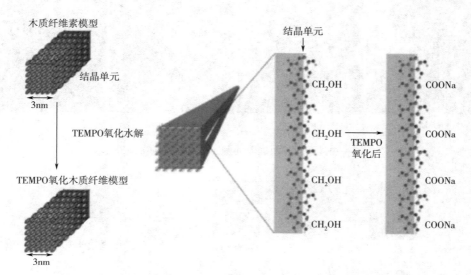

图 1-7　TOCN（来自木材纤维）的制备流程、形貌及制备机理

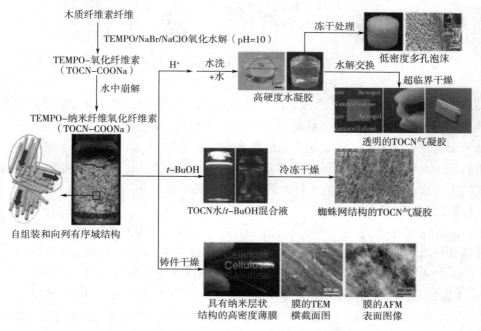

图 1-8　利用自组装和有序排列的 TOCN/水分散体制备的各种新材料

Jinze Dou 等以柳树皮为原料，采用可循环利用的酸水解物甲苯磺酸水溶液作为分离纳米纤维的可持续工艺，处理不同时间获得的纳米纤维长度不同，分别为 15min 时 58.6nm，30min 时 25.9nm，45min 时 16.0nm，60min 时 15.1nm，如图 1-9 所示。柳皮纳米纤维具有疏水性，在热压下可形成致密的高强度薄膜，如图 1-10 所示。

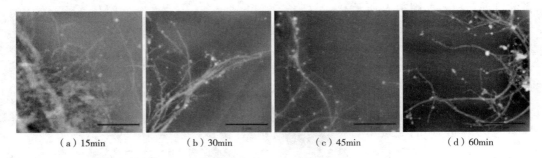

（a）15min　　　　（b）30min　　　　（c）45min　　　　（d）60min

图 1-9　不同时间提取的柳皮纳米纤维的 AFM 图

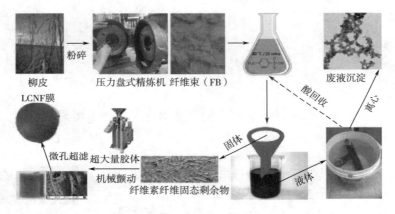

图 1-10　柳皮纳米纤维及膜材料的制备流程

Lihui Gu 等分别采用 4%（质量分数，后同）、6% 和 8% 的 NaOH 结合机械处理制备麦秸秆纳米纤维（LCNF），通过在玻璃和滤纸上涂覆氟烷基硅烷改性 LCNF 制备超疏水表面。结果表明，不同木质素含量的纳米纤维具有良好的结构，平均直径为 13～17nm，长度为微米级。利用氟烷基硅烷结合木质素自身疏水的协同作用，获得具有超疏水和自洁性能的纳米纤维。麦秸秆疏水纳米纤维的制备流程如图 1-11 所示。

1.1.2.2　物理机械解体技术

Jingyuan Xu 等采用高压匀质机械剪切法制备玉米纳米纤维，当匀浆 30 次后，可获得纤维素纳米纤维（CNF）。表征了 CNF 的形貌（图 1-12）和悬浮液的流变特性，结果表明，CNF 的直径范围为 5～50nm，长度为微米级，CNF 悬浮液具有固相黏弹性。

Rim Baatia 等以桉木浆为原料，采用螺杆挤压（TSE）和高压匀质（HPH）两种方法制备纤维素纳米纤维，对比了 TSE 和 HPH 制备的纳米纤维的性能，两种纳米纤维凝胶的流变性能相似，具有类似固体的性质。弹性模量为一阶模量大于黏滞模量，且与频率无关。AFM 形貌结果如图 1-13 所示，两种纳米纤维与水混合获得了半透明纳米纤维复合聚合物的分散体。

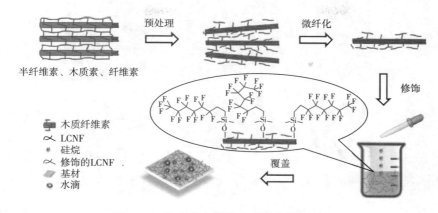

图 1-11 麦秸秆疏水纳米纤维的制备流程

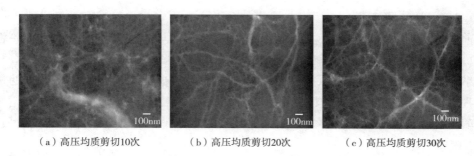

（a）高压均质剪切10次　　　（b）高压均质剪切20次　　　（c）高压均质剪切30次

图 1-12 玉米秸秆纤维素的 TEM 图

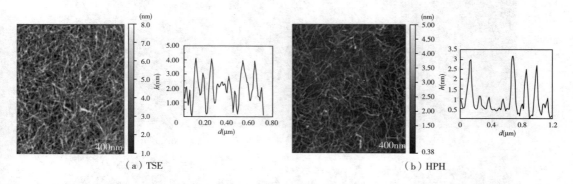

（a）TSE　　　　　　　　　　（b）HPH

图 1-13 TSE 和 HPH 的 CNF 的 AFM 高度图像以及高度剖面分析（曲线标记测量纳米纤维对应高度的点）

Dong X M 等和 Hult E L 等以木质纤维素为原料，常规纳米纤维 ［图 1-14 （a）］用物理机械方式制得的纳米纤维 ［图 1-14 （b）］与微纤化木质纤维素 ［图 1-14 （c）］的形貌进行对比。木材 CNC 具有纺锤状形态，直径为 3~15nm 不等。仅通过机械解析技术制备的纤维素纳米纤维具有 10~50nm 不等的直径，直径不匀率大，网状结构复杂。微纤化木质纤维素 MFC 不仅含有纳米纤维，还含有微米大小的纤维。

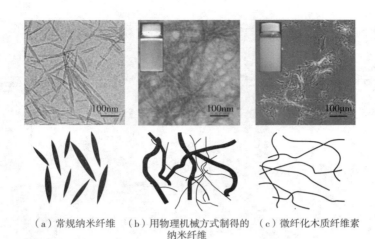

（a）常规纳米纤维　　（b）用物理机械方式制得的　（c）微纤化木质纤维素
纳米纤维

图 1-14　常规木质纳米纤维素 TEM 图

1.1.2.3　生物酶技术

目前生物法制备纳米纤维素主要采用酶解法。酶解法具有工艺条件温和、专一性强、酶试剂可再生的优点，是一种绿色可持续发展的方法。酶解法一般是处理多种木质纤维素提取纳米纤维素，在保证提取纯度和质量的同时可减少提取过程中化学试剂的用量。制备过程中，木质纤维素需经过物理或化学处理（如研磨、蒸汽、酸或碱处理等），再用纤维素酶对其进行水解处理。图 1-15 是真菌 OS1 提取漂白纸浆纳米纤维素不同阶段形态变化的 TEM 图。

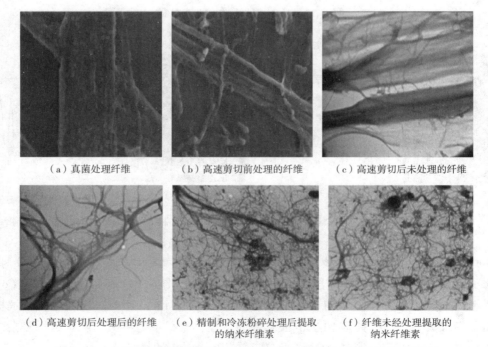

（a）真菌处理纤维　　（b）高速剪切前处理的纤维　（c）高速剪切后未处理的纤维

（d）高速剪切后处理后的纤维　（e）精制和冷冻粉碎处理后提取　（f）纤维未经处理提取的
的纳米纤维素　　　　　　纳米纤维素

图 1-15　真菌 OS1 提取漂白纸浆纳米纤维素不同阶段的形态变化 TEM 图

Panee Panyasiri 等以木薯甘蔗渣（CB）为原料，采用淀粉酶预处理，然后用氯化钠漂白，然后使用高压匀质制备纤维素纳米纤维（CNF）。纤维在不同阶段的化学组分含量不同。酶处理后纤维素含量增加（19.27±0.36)%至（50.45±0.46)%。相比之下，淀粉含量由（61.60±0.38)%明显下降到（7.20±0.42)%。原子力显微镜和透射电子显微镜表征 CNF 的直径在 15～30nm，CNF 的形貌如图 1-16 所示，CNF 的结晶度为（63.4±0.48)%，最高热分解温度为 325℃，可以在材料研究中用作增强基体。

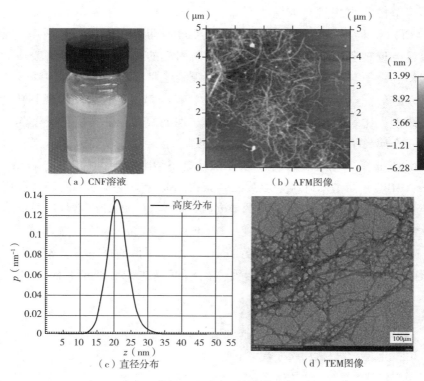

图 1-16　CNF 的形貌

1.1.3　纤维素气凝胶在水污染处理领域应用的研究现状

气凝胶又称干凝胶，指湿凝胶脱去大部分溶剂，凝胶的空间网络结构充满气体或液体含量远远小于固体含量的一种超轻固体材料。自从 1931 年气凝胶被 Kistler 制备出以来，一直是研究的热点。按照气凝胶的材料构成，可分为无机气凝胶（无机非硅基气凝胶、无机硅基气凝胶）、有机气凝胶（合成气凝胶、天然气凝胶）以及无机有机复合气凝胶。纤维素气凝胶作为第三代气凝胶具有纤维素的可再生性、生物相容性和生物降解性，同时兼具气凝胶的优点，如低密度（0.01～0.4g/cm³），高孔隙率（75%～99%）和优良的力学性能，大量的亲水基团和吸附容量，介电强度高和导热系数低等。独特的三维纳米网络空间结构和较高的比表面积使诸如染料分子和重金属离子能够自由进出网络空间并能够快速扩散，因此，纤维素气凝胶广泛应用在组织结构、可控传递系统、催化剂载体、保温隔热、能力存储、弹性装置、化学传感器及水净化等众多领域。纤维素气凝胶有三种类型：天然纤维素气凝胶（纳米纤维素气凝胶和细菌纤维素气凝胶）、再生纤维素气凝胶以及纤维素衍生物制成的气凝胶。

近年来，水污染对人类的生存造成巨大威胁，已引起各国的极大关注，污染源通常来源于化工、农业污染源、石油泄漏和生活垃圾，主要由有机化学品（如染料和洗涤剂）、石油、化肥和农药、无机化学品和重金属离子等组成。其中，重金属污染由于其在水中的不可降解性和富集性，被认为是最严重的危害。重金属离子通常包括汞（Hg）（Ⅱ）、铬（Cr）（Ⅵ）、铅（Pb）（Ⅱ）、铜（Cu）（Ⅱ）等。染料包括亚甲基蓝、甲基橙、结晶紫等。近年来，针对重金属离子和染料引起的水污染问题报道较多的是化学沉淀、物理吸附、离子交换和生物处理。其中，吸附法是最常用的一种方法，它具有工艺简单、环境友好等优点，通过对微/纳米级多孔材料的强吸附行为来实现其功能。气凝胶作为典型吸附剂，比表面积大、长径比大、力学性能好、羟基丰富，通过其巨大的吸附能力来去除重金属离子和染料，是一种理想的吸附剂。

Hongjuan Geng 等采用氢氧化钠/尿素水溶液制备纳米纤维，室温下，以 N,N-亚甲基双丙烯酰胺（MBA）与纳米纤维素溶液混合获得水凝胶，冷冻干燥后制备纤维素复合气凝胶。纤维素溶液表现出明显的 MBA 诱导凝胶行为。制备的纤维素气凝胶具有三维网络空间大孔结构（20~600μm）、低密度（0.0082~0.0083g/cm³）、高孔隙率（90.3%~99.02%），适中的热稳定性（热分解温度275℃），Cu（Ⅱ）的吸附容量85mg/g，亚甲基蓝（MB）的吸附容量115mg/g。气凝胶的形貌、吸附过程及结果分别如图1-17~图1-19所示。

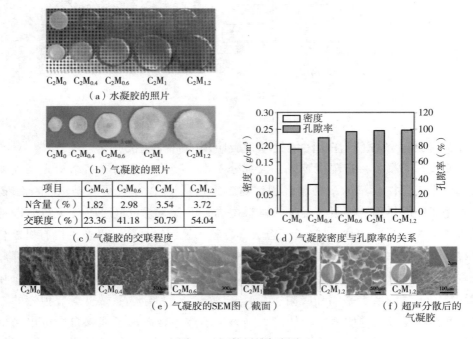

图1-17　竹纤维气凝胶

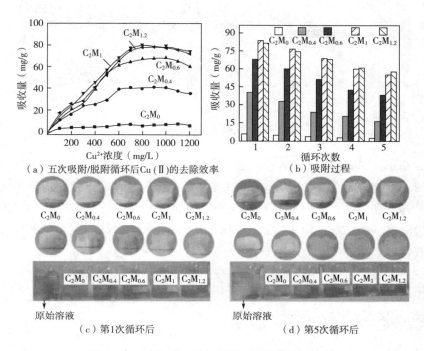

（a）五次吸附/脱附循环后Cu（Ⅱ)的去除效率　　　　（b）吸附过程

原始溶液　　　　　　　　　　　　　　　　原始溶液

（c）第1次循环后　　　　　　　　　　（d）第5次循环后

图 1-18　初始 Cu（Ⅱ）浓度对吸附容量的影响

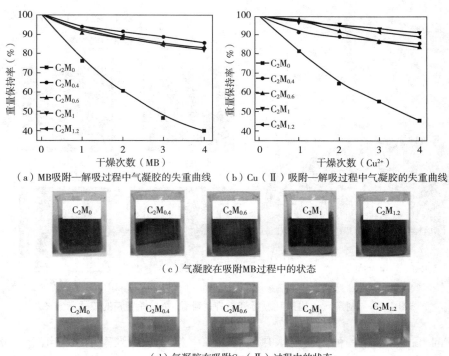

（a）MB吸附—解吸过程中气凝胶的失重曲线　（b）Cu（Ⅱ）吸附—解吸过程中气凝胶的失重曲线

（c）气凝胶在吸附MB过程中的状态

（d）气凝胶在吸附Cu（Ⅱ）过程中的状态

图 1-19

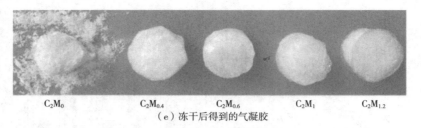

C₂M₀　　　　C₂M₀.₄　　　　C₂M₀.₆　　　　C₂M₁　　　　C₂M₁.₂

（e）冻干后得到的气凝胶

图 1-19　气凝胶形貌和吸附过程

　　Xuexia Zhang 等以硅化竹原纳米纤维为原料，采用冷冻干燥 CNF 悬浮液的方法制备了多孔结构的气凝胶，如图 1-20 所示，该气凝胶具有显著的各向异性，提高了轴向（沿冻结方向）的强度和刚度，径向（垂直方向）具有良好的快速形状恢复能力，经 100 次循环后，形状回收率达 92%。由于它们的超低密度、疏水性和高的压缩可回复性，硅基化CNF 气凝胶具有广泛的工业应用前景。

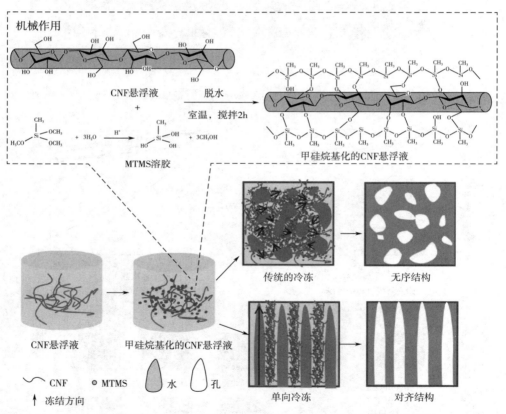

图 1-20　制备孔结构紊乱或排列整齐的硅化 CNF 气凝胶的工艺示意图

　　Xuehua Liu 等采用一种简便的水热法将丙烯酸接枝于纤维素纳米纤维上，成型后的 AA-g-CNC 气凝胶具有高度多孔的蜂窝状结构，具有许多官能团和较高的 Zeta 电位，这些都是有些吸附的基本性能。气凝胶对 Pb^{2+}、Cd^{2+}、Cu^{2+} 的去除率分别达到 1026mg/g、

898.8mg/g、872.4mg/g。吸附遵循 Freundlich 等温线模型，并与拟二阶动力学模型拟合良好。吸附机理主要是磺酸盐与羧基金属离子之间的静电螯合作用，如图 1-21 所示。

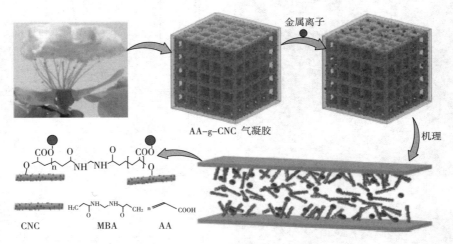

图 1-21　AA-g-CNC 吸附过程的原理图

Dinh Duc Nguyen 等以白竹为原料，制备微米级的白竹原纤维，之后采用氢氧化物/尿素溶液溶解纤维，采用传统的冷冻干燥技术，用于生产高孔隙率和超轻的纤维素气凝胶，如图 1-22 所示。同时制备了硅烷化气凝胶，对各种油脂和有机溶剂具有良好的吸附性能，具有典型的增重效果从自身干重的 400%~1200% 不等，使材料成为有前途的多功能吸附剂，适用于水净化领域。

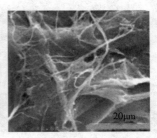

（a）白竹纤维　　　　　　　（b）白竹微晶纤维（MWBFs）　　　　　（c）MWBFs的SEM图

图 1-22　白竹及白竹微晶纤维

Cuihua Tian 等采用天然纤维素纳米纤维与丙烯酸（AA）制备可重复使用的 CNF-AA（CA）气凝胶，交联后的高度多孔的 CA 气凝胶引入 AA 和含有羧基的 CNF 的分子链。CA 气凝胶对 Cu（Ⅱ）和 Pb（Ⅱ）的最大吸附容量分别为 40.01mg/g、130.36mg/g，吸附符合伪二阶动力学和 Langmiur 等温线模型，化学吸附与多孔物理吸附相结合赋予 CA 气凝胶优异的吸附性能。制备的 CA 气凝胶具有良好的可重用性，并能去除工业上各种重金属离子污水。CA 气凝胶有望成为吸附剂的替代品，在污水回收、水净化和土壤修复等领域具有广阔的应用前景，形貌及吸附参数如图 1-23 和图 1-24 所示。

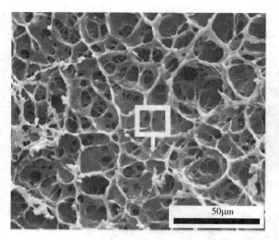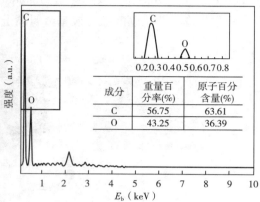

（a）CNF–AA（CA）气凝胶

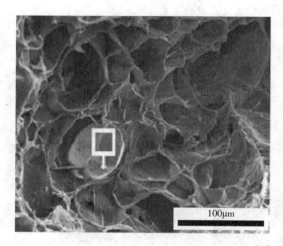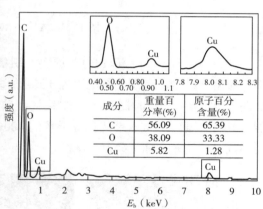

（b）CA–Cu（Ⅱ）

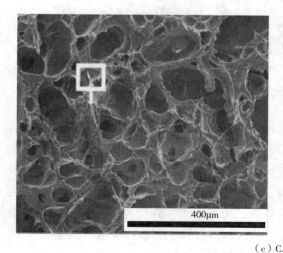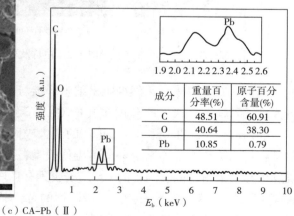

（c）CA–Pb（Ⅱ）

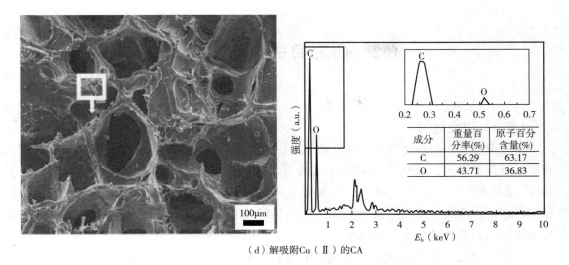

（d）解吸附Cu（Ⅱ）的CA

图 1-23 化学交联的蜂窝状气凝胶 SEM-EDS

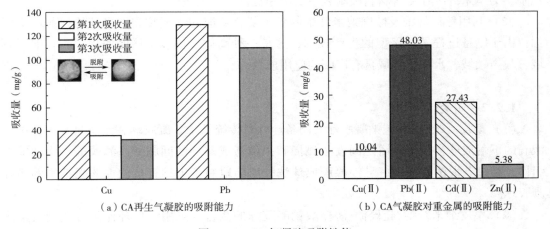

（a）CA再生气凝胶的吸附能力 （b）CA气凝胶对重金属的吸附能力

图 1-24 CA 气凝胶吸附性能

  综上所述，纤维素尤其是纤维素纳米纤维和纤维素气凝胶是材料领域的研究热点，课题组多年来致力于研究棕榈纤维多级结构的表征，为了进一步实现对棕榈纤维的开发应用，本书秉承"绿色可持续发展、纤维的高值化应用"的理念，研究棕榈纳米纤维的绿色制备，开发具有保温、吸声、优良的压缩性能等复合功能的海藻酸钠/棕榈纤维气凝胶，采用简便易行的高压匀质方式制备纤维素纳米纤维气凝胶吸附剂，将为材料领域增添一枝新秀。

1.2 研究目的与研究内容

1.2.1 研究目的

由于全球人口的迅速增长，城市化、工业化和农业活动，以及化学物质的过度使用，资源短缺现象突出，合成染料对地表水的污染非常严重，水中难以降解的重金属离子，如锌（Zn^{2+}）、镍（Ni^{2+}）、铬（Cr^{3+}）和镉（Cd^{2+}）等有害物质对人体健康构成严重威胁。针对目前这种情况，开发可持续利用的生物质纤维素资源，以及低成本、高效的纤维素气凝胶吸附剂来处理含有染料和重金属离子的污水，具有举足轻重的意义。

（1）采用过硫酸铵氧化法，实现对生物质棕榈纳米纤维的绿色制备，以及对现有技术 TEMPO 氧化方法的替代，这种技术可以使生产过程绿色环保，能赋予纳米纤维更多的羟基，为纳米纤维在复合材料吸附领域的应用提供了多的机会。

（2）利用棕榈纤维及棕榈纳米纤维制备了复合功能的气凝胶和纳米纤维气凝胶吸附剂，由于制备过程是环保型的生产技术，这是一种高效、快速、环保的程序，在保温领域、吸声领域、水净化领域具有广阔的应用前景。

1.2.2 研究内容

（1）桑皮纤维/海藻酸钠凝胶球的制备。针对传统纤维素凝胶球在制备过程中，由于液滴的下落成球会与凝固浴之间发生碰撞和扩散造成畸形的问题，以海藻酸钠为功能性组件，通过共混法和液滴—悬浮凝胶成球法，成功地制备出具有抗菌性核壳结构的多孔凝胶球。

（2）桑皮纳米纤维/壳聚糖/海藻酸钠凝胶球的制备。采用绿色环保的方法制备桑皮纳米纤维，采用液滴悬浮凝胶法，将桑皮纳米纤维/壳聚糖/海藻酸钠凝胶溶液通过胶头滴管在压力、表面张力、重力和胶头滴管引力共同作用下形成球状液滴，并将其放入氯化钙溶液中，制备具有优异抗菌性能的凝胶球，研究其载药性能。

（3）根据纤维不同组分在碱溶液和氧化剂中溶解度的不同，运用碱—氧联合化学脱胶法，在相同的处理时间下，采用不同浓度的氢氧化钠溶液、过氧化氢溶液，煮练温度和料液比等变量，使用单因素和正交因素试验测试 29 组棕榈纤维的成分含量；通过 X 射线衍射测试得到 29 组棕榈纤维结晶度，建立棕榈纤维化学成分与结晶度 GM（1,4）的灰色模型。通过该灰色模型可以对棕榈纤维的化学成分含量与结晶度的关系进行预测，同时探究各化学成分含量对结晶度的影响，为棕榈纤维的聚集态结构和应用提供一定的理论基础。

（4）秉承"制备条件较低，环境影响较小，纳米纤维产率较高"的开发思路。分析过硫酸铵氧化法的反应机制，采用过硫酸铵氧化法，利用 Design-Expert 8.0.6 软件采用

Box—Wilson CCD（central composite design）实验程序设计棕榈纳米纤维的制备工艺进行 RSM（response surface methodology）设计，通过对响应值棕榈纳米纤维产率的优化，得出最佳的过硫酸铵氧化法制备棕榈纳米纤维素的工艺条件。采用扫描电镜（SEM）、透射电镜（TEM）结合 Image 软件对纳米纤维的形态、大小和分布进行研究。利用傅里叶红外光谱测试分析纳米纤维的化学结构，利用 X 射线衍射（XRD）分析纳米纤维的晶体结构，利用热分析（TG）分析纳米纤维的热稳定性，并与硫酸降解法制备的棕榈纳米纤维（SA—WPNF）、碱—尿素低温法制备的棕榈纳米纤维（AU—WPNF）进行对比研究。

（5）采用棕榈微晶纤维与海藻酸钠溶液复合交联形成水凝胶，冷冻干燥后形成具有三维网络空间多孔的棕榈纤维/海藻酸钠气凝胶。该复合气凝胶由海藻酸钠形成片层结构，棕榈纤维贯穿交联在片层结构内部形成立体规则的网络空间结构，充分发挥棕榈纤维的骨架支持作用，发挥棕榈纤维的中空结构和气凝胶多孔结构的协同作用，形成具有良好压缩力学性能、吸音性能，隔热性能的复合气凝胶，揭示棕榈纤维海藻酸钠气凝胶结构优势，为制备功能性纤维素气凝胶材料提供基础方法和思路。

（6）利用制备棕榈纳米纤维的方法，采用过硫酸铵氧化法辅以超声波处理法的生物质棕榈纳米纤维气凝胶材料，为了精准研究纳米纤维素气凝胶的形成机理，对纳米纤维气凝胶的形貌特征、晶型结构、结晶度等结构和性能的演变进行表征和分析。并探究棕榈纳米纤维气凝胶在染料的催化降解能力、重金属离子的去除能力方面的研究，为生物质复合材料在污水净化领域的应用打开了新的局面。

（7）研究的棕榈纳米纤维气凝胶吸附材料，在纳米纤维的高比表面积和气凝胶材料的多孔网络结构的协同作用下，探讨棕榈纳米纤维气凝胶材料对染料和重金属的吸附能力。选择阳离子染料（亚甲基蓝，MB；罗丹明，RH）、四种重金属离子锌（Zn^{2+}）、镍（Ni^{2+}）、铬（Cr^{3+}）和镉（Cd^{2+}）作为吸附对象，采用单因素分析法探究 pH、吸附剂的用量、吸附时间、吸附温度以及不同染料的初始浓度对吸附性能的影响，并利用吸附动力学、吸附等温线和吸附热力学拟合吸附过程，得出吸附模型参数，有助于探究气凝胶吸附剂的吸附机理。利用吸附机理指导后续的回收再利用研究，得出纳米纤维气凝胶的再生性能，对于塑造具有吸附性能的棕榈纳米纤维气凝胶材料具有重要意义。

1.3 研究的创新点

（1）采用液滴悬浮凝胶法，将桑皮纤维/海藻酸钠基凝胶球，通过胶头滴管在压力、表面张力、重力和胶头滴管引力共同作用下形成球状液滴，将其放入 0.2%（质量分数）氯化钙溶液中，制备出形貌均匀、性能稳定的核壳型凝胶球。

（2）充分发挥海藻酸钠作为柔性片层、桑皮纤维（桑皮纳米纤维）作为骨架的双网络多孔凝胶结构，通过调整加入的桑皮含量，克服纯海藻酸钠凝胶球脆性大、孔隙结构不均匀的弊端，对于制备具有优异的比表面积、抗菌性能和载药性能的凝胶球发挥关键作用。

（3）利用过硫酸铵氧化法制备棕榈纳米纤维，经氧化后的棕榈纳米纤维含有羧基，Zeta 电位呈负值，棕榈纳米纤维悬浮液呈透明或半透明的凝胶状，是制备气凝胶的前驱体，过程废水主要成分为硫酸盐，绿色环保。

（4）利用棕榈纤维的中空特性，采用便捷的冷冻干燥技术制备棕榈纤维/海藻酸钠复合气凝胶，赋予材料优良的压缩回复性能、吸声及保温性能，可实现棕榈纤维基气凝胶在保温和吸声领域的可持续应用。

（5）发挥棕榈纳米纤维自身的结构优势、性能优势以及气凝胶的多孔网络结构的协同作用，成功制备出具有良好吸附性能的棕榈纳米纤维吸附剂，能有效吸附污水中的染料和重金属离子，实现棕榈纳米纤维气凝胶在水净化领域的应用。

第2章 桑皮纤维/海藻酸钠凝胶球的制备及表征

2.1 引言

纤维素凝胶球是纤维素气凝胶中一种重要的结构形态，它在水污染处理、色谱分离、蛋白质固定、催化剂负载及药物缓释等领域有着极为广泛的应用。它具有常规纤维素凝胶孔隙丰富和绿色环保特点的同时，还具有高结构稳定性和低流体阻力的优势。

本章针对传统纤维素凝胶球在制备过程中，由于液滴的下落成球会与凝固浴之间发生碰撞和扩散造成畸形的问题，以海藻酸钠为功能性组件，通过共混法和液滴—悬浮凝胶成球法，成功地制备出桑皮纤维/海藻酸钠抗菌性复合水凝胶球，再通过冷冻干燥法制备出具有抗菌性的核壳结构多孔凝胶球。

利用流变仪表征水凝胶的流变性能，利用TM3030台式电镜表征凝胶球的形貌，利用傅里叶变换红外光谱仪表征凝胶球的化学基团，利用X射线衍射仪表征凝胶球的晶型结构，并对凝胶球的体积收缩率和密度进行了分析，利用凝胶球的抗菌性能及多孔网络结构优势，研究凝胶球在不同环境下的载药黄连素（盐酸小檗碱）缓释性能，探讨凝胶球的载药结肠靶向机理，优化桑皮纤维/海藻酸钠凝胶球的制备工艺，为抗菌性桑皮纤维/海藻酸钠凝胶球在载药方面的研究提供借鉴意义。

2.2 桑皮纤维/海藻酸钠凝胶球的制备

2.2.1 实验材料

桑枝皮（江苏省盐城市东台市），氢氧化钠［分析纯，阿拉丁试剂（上海）有限公司］，三聚磷酸钠［分析纯，阿拉丁试剂（上海）有限公司］，和毛油［分析纯，阿拉丁试剂（上海）有限公司］，盐酸［分析纯，阿拉丁试剂（上海）有限公司］，海藻酸钠（化学纯CP 500g，上海国药集团化学试剂有限公司），氯化钙［分析纯，阿拉丁试剂（上海）有限公司］，去离子水（实验室自备）。

2.2.2 实验仪器

主要实验仪器见表2-1。

表 2-1　主要实验仪器

仪器	型号	生产厂家
精密数显恒温水浴锅	J-HH-6A	上海胜卫电子科技有限公司
分析天平	FA2004	江苏同君科技仪器有限公司
中药材粉碎机	YB-4500A	永康市速锋工贸有限公司
真空冷冻干燥机	FD-1A-80	江苏天翎仪器有限公司
电热鼓风烘箱	PH400HD101A-2	南通宏大实验仪器有限公司
真空脱泡机	ITT-1100S	深圳市英泰特激光有限公司
搅拌机	LIAEBO	常州励案宝机械设备有限公司
pH 计	—	上海精密仪器仪表有限公司
紫外分光光度计	TU-1810	北京普析通用仪器有限责任公司
台式电子显微镜	TM3030	上海双旭电子有限公司
压力控制流变仪	AR2000	美国 TA 公司
傅里叶变换红外光谱仪	Nicolet5700'	美国热电尼高力
X 射线衍射仪	D8 Advance 型	德国布鲁克 AXS
热重分析仪	TGA4000	美国 Perkin Elmer
X 射线能谱分析仪	Axis Ulra DLD	英国 Kratos

2.2.3　实验过程

（1）桑皮纤维制备。将桑皮、氢氧化钠、三聚磷酸钠、和毛油、水按（15~20g）：（25~30g）：（25~30g）：（20~25mL）：1L 的用量比混合，每次微波处理 2h，用去离子水反复冲洗，直至混合溶液呈中性，处理 3 次得到脱胶桑皮纤维；将脱胶后的桑皮纤维放在 FD-1A-80 真空冷冻干燥机里冷冻干燥，冷冻温度为-90℃，冷冻一段时间，随后真空干燥。将干燥后的桑皮纤维用中药材粉碎机进行粉碎，称取 2g 纤维 6 份，每次用中药材粉碎机粉碎 5min，制备得到直径为微米级（10~100μm）的桑皮纤维。

（2）海藻酸钠溶液制备。称取 4g 海藻酸钠，加入 100mL 去离子水中，在常温条件下，用搅拌机搅拌海藻酸钠溶液 20min，然后用真空脱泡机脱泡 20min，备用。

（3）桑皮纤维/海藻酸钠水凝胶制备。按照一定的配比（0，0.5%，1%，1.5%，2%，2.5%，3%）将桑皮纤维放置于海藻酸钠溶液，常温条件下，将纤维均匀搅拌分散于海藻酸钠溶液中 10min，利用真空烘箱脱泡处理混合溶液 1h，然后将复合水凝胶快速分装于模具尿杯和直径 12cm 的培养皿中进行凝胶 12h，待海藻酸钠和全组分纤维素完全交联凝胶化。不同形貌的水凝胶如图 2-1 所示，编号分别为 MBSH0、MBSH1、MBSH2、MBSH3、MBSH4、MBSH5。

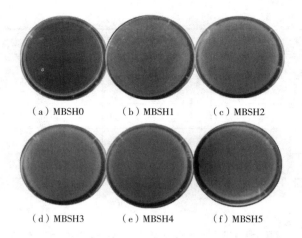

（a）MBSH0　　　　（b）MBSH1　　　　（c）MBSH2

（d）MBSH3　　　　（e）MBSH4　　　　（f）MBSH5

图 2-1　水凝胶

（4）桑皮纤维/海藻酸钠（MBSA）凝胶球的制备。采用液滴悬浮凝胶法，将桑皮纤维/海藻酸钠凝胶溶液通过胶头滴管在压力、表面张力、重力和胶头滴管引力共同作用下形成球状可控的液滴，并将其放入 0.2%氯化钙溶液中，依次重复这样的工序，直到将桑皮纤维/海藻酸钠溶液制备完成。制作好的凝胶球放在质量分数 0.2%氯化钙溶液中 24h，使其表面固化。24h 之后，用去离子水将凝胶球表面的氯化钙清洗干净，重复清洗 5~6 遍。然后将清洗好的凝胶球放在培养皿中，放入 FD-1A-80 真空冷冻干燥机中冷冻 6h，冷冻温度为-90℃，随后立刻放置在架子真空干燥（真空度 5MPa，干燥 36h）。将冷冻干燥好的凝胶球取出，即制备完成具有核壳结构的桑皮纤维/海藻酸钠凝胶球（图 2-2），工艺参数见表 2-2，得到不同外观形貌的 MBSA 凝胶球分别标记为：MBSA0、MBSA1、MBSA2、MBSA3、MBSA4、MBSA5、MBSA6。

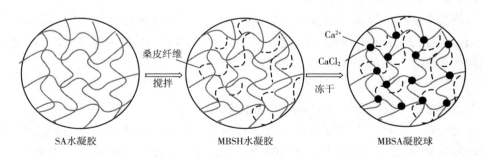

图 2-2　凝胶球制备流程及合成机理图

表 2-2　工艺参数

编号	海藻酸钠（g）	桑皮纤维（g）	氯化钙（g）	去离子水（mL）
MBSA0	4	0	0.2	100
MBSA1	4	0.5	0.2	100

编号	海藻酸钠（g）	桑皮纤维（g）	氯化钙（g）	去离子水（mL）
MBSA2	4	1.0	0.2	100
MBSA3	4	1.5	0.2	100
MBSA4	4	2.0	0.2	100
MBSA5	4	2.5	0.2	100
MBSA6	4	3.0	0.2	100

2.3 桑皮纤维/海藻酸钠凝胶球的表征

根据下面 2.3.1 关于 MBSH 的流变性能分析得出 MBSH4 的交联点最多，黏度也最大。因此下面实验测试 MBSA4 的抗菌性能、溶胀性能和载药性能测试。

2.3.1 MBSH 水凝胶的流变性能表征

2.3.1.1 MBSH 水凝胶的表观黏度和流变性能

为测试桑皮纤维/海藻酸钠水凝胶的流变性能，利用美国 TA 公司生产的压力控制流变仪 AR2000，采用直径为 40mm，角度为 1°的锥板，20℃下，利用注射器分别取海藻酸钠水凝胶、1.0%~3.0%桑皮纤维/海藻酸钠水凝胶 0.8~0.9mL 置于底板的中心。在剪切速率为 0.01~500s^{-1} 范围内进行稳态黏度测试。

2.3.1.2 MBSH 水凝胶的黏弹性

在频率扫描前，需要通过振幅扫描确定黏弹区，水凝胶的线性黏弹区域采用固定频率（$\omega = 1$rad/s）下动态应变扫描来确定。固定应变 $r = 1\%$，扫描频率范围为 0.1~200rad/s，记录不同的角频率下储能模量（G'）和损耗模量（G''）。

2.3.2 MBSA 凝胶球的 TM3030 形貌测试

台式电子显微镜可以直观地捕捉凝胶球材料的微观形貌，将凝胶球用剪刀剪开后静止一段时间恢复形貌，将凝胶球表面和凝胶球内部按次序贴在导电胶上，喷金后观察凝胶球的内部和表面的形貌。

2.3.3 MBSA 凝胶球的 X 射线能谱测试

将凝胶球内部朝上用导电胶固定在样品底座上，在样品的表面喷金 120s 后，利用台式电子显微镜 TM3030 配套能谱仪对凝胶球内部的元素成分或能谱图进行定性或定量分析。

2.3.4 MBSA 凝胶球的体积收缩率测试

通过对 MBSH 水凝胶球和 MBSA 凝胶球的实物照辅以 Image-Pro Plus6.0 软件对桑皮纤维/海藻酸钠凝胶球体进行直径测量，取小球数目为 50 颗，分别测量计算出干燥前后桑皮纤维素凝胶球的平均直径。收缩率的计算见式（2-1）。

$$收缩率 = \frac{d_1{}^3 - d_2{}^3}{d_1{}^3} \times 100\% \tag{2-1}$$

式中：d_1 为 MBSH 水凝胶球的平均直径（mm）；d_2 为 MBSA 凝胶球的平均直径（mm）。

2.3.5 MBSA 凝胶球的密度测试

利用电子天平称取凝胶球质量标记为 m，利用游标卡尺准确测量 MBSA 凝胶球的直径标记为 d，每个样品测量 5 次，取平均值并计算标准偏差。凝胶球密度的计算见式（2-2）。

$$\rho = \frac{6m}{\pi d^3} \tag{2-2}$$

式中：ρ 为 MBSA 凝胶球的密度（g/cm^3）；m 为 MBSA 凝胶球的质量（g）；d 为 MBSA 凝胶球的平均直径（mm）。

2.3.6 MBSA 凝胶球的傅里叶红外光谱测试

分别取少许不同组分的 MBSA 凝胶球样品研磨成均匀粉末，用红外灯照射后与 KBr 压制成透明薄片，置于 Nicolet 5700 型红外光谱仪（美国热电尼高力）。在温度 25℃，相对湿度 65% 的环境下，波数范围 4000~400cm^{-1}，分辨率 2cm^{-1}，扫描次数 32，拟合后得到红外吸收光谱图。

2.3.7 MBSA 凝胶球的 X 射线衍射测试

将冷冻干燥后的不同组分桑皮纤维/海藻酸钠凝胶球剪碎研磨至 100~200 目的粉末状，将其放置在干净的玻璃样品槽中，表面用盖玻片处理平整，然后在 D8 Advanced Bruker AXS X 射线粉末衍射仪（PXRD，X-Ray Powder Diffraction）上进行扫描测定。测试条件设定：X 光管为铜靶，用镍片消除 Cu、Ka 辐射，管电压为 40kV。管电流为 40mA，测量方法采 2θ 扫描。索拉狭缝为 0.04rad，发散狭缝 0.5°，防散射狭缝 1°。对 MBSA 凝胶球粉末作 2θ 的强度曲线，样品扫描范围在 5°~40°（2θ）角，扫描速度为 0.071s^{-1}。在扫描曲线上，22°~23° 之间会出现（002）衍射的极大值，18°~20° 之间会出现一处衍射的谷值。本书中 MBSA 凝胶球的结晶度以结晶度指数（crystallinity index，CrI）来衡量，通过结晶部分占试样整体的百分比来计算，采用 Segal 法计算纤维的结晶度，见式（2-3）。

$$CrI = \frac{I_{002} - I_{am}}{I_{002}} \times 100\% \tag{2-3}$$

式中：CrI 为 MBSA 凝胶球的结晶度；I_{002} 为（002）晶格衍射角的极大强度；I_{am} 为（101）与（002）交界处的最低谷（偏转角度约为 18°时的衍射强度）非结晶区的衍射强度。

2.3.8　MBSA4 凝胶球的抗菌性能测试

桑皮纤维具有优异的抗菌性，被广泛应用于传统纺织抗菌产品领域，为了研究桑皮纤维/海藻酸钠凝胶球的抗菌活性，实验选择了革兰氏阴性细菌（大肠杆菌）作为目标细菌。在研究中，实验进行了定性测试——大肠杆菌的抑菌圈实验。

2.3.9　MBSA4 凝胶球的溶胀性能测试

称取 0.5g 的 MBSA4，投入浓度为 500mg/L 的黄连素乙醇溶液，在水浴振荡器中振荡 120min 后烘燥，取适量负载黄连素的 MBSA4，质量记为 m_0，将 MBSA4 浸没在酸碱性不同的去离子水中，利用氢氧化钠调节去离子水呈弱碱性 pH = 7.8（肠液环境），利用盐酸调节去离子水呈弱酸性 pH = 1.3（胃液环境），每隔 5min 将 MBSA4 取出，吸去 MBSA4 表面多余的水分后，质量记为 m_1，重复实验直到 MBSA4 的质量保持不变为止。吸水倍率 w 的计算见式（2-4）。

$$w = \frac{m_1 - m_0}{m_0} \tag{2-4}$$

2.3.10　MBSA4 凝胶球的载药性能测试

2.3.10.1　黄连素标准溶液的绘制

取适量黄连素乙醇溶液和 pH = 7.8 的 PBS 缓冲液，在 250~700nm 波长范围内进行紫外—可见光扫描。

精密称取黄连素乙醇溶液 5mg，加适量 pH = 7.8 的 PBS 缓冲液进行超声分散，加入去离子水将溶液分别定容至 5~50mg/L 范围等浓度梯度，测得不同浓度梯度下最大波长处对应的吸光度值，进而获得溶液浓度和吸光度的关系曲线。

2.3.10.2　体外载药释放度测定

称取 0.5g MBSA4，投入浓度为 500mg/L 的黄连素乙醇溶液，在水浴振荡器中振荡，时间梯度分别为 30min、60min、90min、120min、150min、180min、210min，取出负载黄连素乙醇溶液置于石英皿吸收器中，采用紫外—可见分光光度计在 UV260 处测定其吸光度，利用式（2-5）计算 MBSA4 的载药量。

$$载药量 = (N_0 - N_1) V / m \tag{2-5}$$

式中：N_0 为载药前黄连素乙醇溶液的浓度（mg/L）；N_1 为载药后黄连素乙醇溶液的浓度（mg/L）；V 为溶液的体积（L）；m 为 MBSA4 的质量（g）。

2.4　结果与讨论

2.4.1　MBSH 水凝胶的流变性能分析
2.4.1.1　MBSH 水凝胶的表观黏度分析

高分子材料具有黏性和弹性双重属性，它既有液体的流动性，又有类固体性，整个力学响应过程相对复杂，影响因素与体系内外诸多因素相关。MBSH 水凝胶剪切表观黏度与剪切速率的关系如图 2-3 所示。

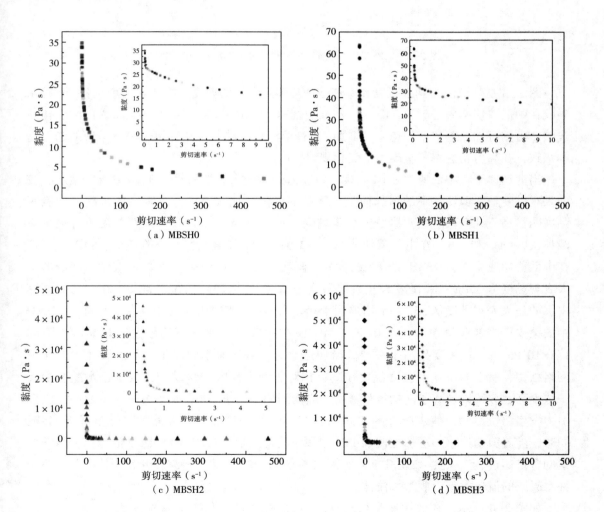

（a）MBSH0　　　　（b）MBSH1

（c）MBSH2　　　　（d）MBSH3

图 2-3

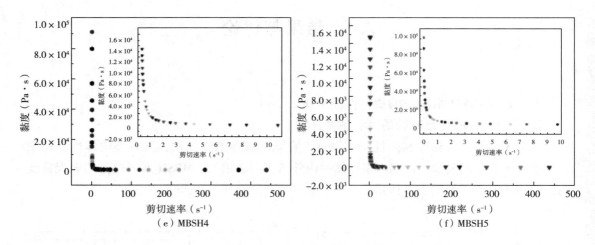

图 2-3　MBSH 水凝胶剪切表观黏度与剪切速率的关系

图 2-3 是纯海藻酸钠水凝胶和海藻酸钠与不同含量的桑皮纤维混合的水凝胶，6 种水凝胶在中低剪切速率（0.01~10s⁻¹）和高剪切速率（10~500s⁻¹）下的表观黏度的变化曲线图。由图可知，随着剪切速率的增加，6 种溶液表观黏度在低剪切速率下呈现的趋势基本一致，在高剪切速率下呈现出的变化规律不同。

当剪切速率在中低速率 0.01~10s⁻¹ 时，海藻酸钠水凝胶和桑皮纤维/海藻酸钠水凝胶的表观黏度随着剪切速率的增加而呈现下降的趋势，加入桑皮纤维素后的水凝胶的表观黏度明显高于纯海藻酸钠水凝胶的表观黏度，（a）~（f）MBSH 的表观黏度下降速率逐渐加快，（a）和（b）在中低剪切速率下，MBSH 的表观黏度呈现下降趋势，（c）~（f）在中低剪切速率下，MBSH 的表观黏度先下降然后逐渐趋于平稳。纯海藻酸钠水凝胶的最大表观黏度为 35Pa·s，随着桑皮纤维素含量从 1.0g 增加到 2.5g，MBSH 在中低剪切速率下的最大表观黏度从 35Pa·s 增加到 1.0×10⁵Pa·s，增加了 4 个数量级，然而当 MBSH 中的桑皮纤维素含量增加到 3.0g 时，MBSH 在中低剪切速率下的最大表观黏度下降到 1.5×10⁴Pa·s。这主要是由于在中低剪切速率时，剪切速率的作用不足以破坏 MBSH 的网络结构，所以 MBSH 的黏度值比较高；相对于纯海藻酸钠水凝胶，纤维素水凝胶中离子浓度高，分子以及离子间的排列紧密，当受到的剪切速率增加时，MBSH 中的颗粒因牵引力发生错位运动，使水凝胶的空间网络结构的体积增加，表观黏度整体呈降低趋势；同时，随着剪切速率的增加也使 MBSH 中颗粒的动能增加，MBSH 的黏度值增加；当纤维素的含量超过 2.5g 时，桑皮纤维素和海藻酸钠的交联点变少，黏度开始下降。这表明 6 种水凝胶的流体类型为假塑性流体。

如图 2-4 所示，在剪切速率相同时，6 种水凝胶的变化趋势基本一致，（a）~（f）随着桑皮纤维素含量的增加，在中低剪切速率 0.01~10s⁻¹ 时，水凝胶的剪切应力显著增加；在高剪切速率 10~500s⁻¹ 时，水凝胶的剪切应力变化趋势趋于稳定。MBSH4 和

MBSH5 水凝胶在剪切速率 $10 \sim 50 s^{-1}$ 时，剪切应力到达最大后开始下降并趋于稳定，总体的变化趋势是（a）～（f）随着桑皮纤维素的加入及桑皮纤维素含量的增加，剪切应力逐渐增加，MBSH4 的剪切应力最大值高于 $8 \times 10^3 Pa$，高于 SA 水凝胶剪切应力 8 倍，然而 MBSH5 的剪切应力开始下降，尤其是当剪切速率增加时，MBSH4 的剪切应力小于 MBSH2 和 MBSH3 的剪切应力。表明当桑皮纤维素的含量在 $1.0g \sim 3.0g$ 时，水凝胶中桑皮纤维素和海藻酸钠分子间的交联点增加，整个溶液体系中分子间的缠节点减少，其中 MBSH4 的交联点最多，黏度也最大；当桑皮纤维素含量为 3.0g 时，MBSH5 的交联点在达到饱和点后开始下降，主要是由于在水凝胶中含有多余的桑皮纤维素，没有发生交联，导致水凝胶的黏度下降。

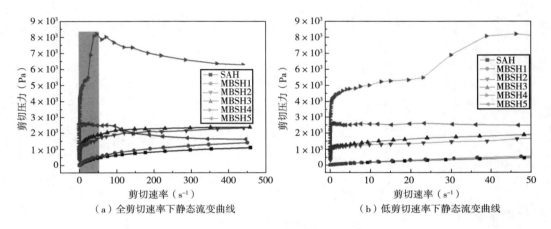

（a）全剪切速率下静态流变曲线　　　（b）低剪切速率下静态流变曲线

图 2-4　MBSH 水凝胶的静态流变曲线

2.4.1.2　水凝胶黏弹特性分析

如图 2-5 所示，G' 表示 SA 溶液和桑皮纤维素/海藻酸钠溶液的弹性贮存模量，G'' 表示 SA 溶液和桑皮纤维素/海藻酸钠溶液的黏性损耗模量。并且在某一剪切频率下 G' 与 G'' 发生交汇。根据水凝胶成胶点的定义，该点即为水凝胶的成胶点。从图 2-5 可以看出，6 种溶液在不同振幅频率范围内的 G' 和 G'' 的关系不同。在图 2-5（a）中，随着振幅频率的增大，SA 溶液的黏性损耗模量（G''）>弹性贮存模量（G'），表明纯 SA 溶液呈现流体状态。在图 2-5（b）中，MBSH1 溶液当振幅频率在 $0 \sim 100 rad/s$ 时，黏性损耗模量 G''>弹性贮存模量 G'，当振幅频率在 $100 \sim 200 rad/s$ 时，弹性贮存模量 G'>黏性损耗模量 G''，说明 MBSH1 溶液在不同的振幅频率变化范围内呈现不同的黏弹行为。在图 2-5（c）～图 2-5（e）中，随着振幅频率的增大，SA 溶液的弹性贮存模量 G'>黏性损耗模量 G''，表明在整个形变范围内，几种溶液都呈现出凝胶材料的特性，在图 2-5（f）中，在低振幅频率时，MBSH5 溶液的弹性贮存模量 G'>黏性损耗模量 G''，在高振幅频率时，MBSH5 溶液的黏性损耗模量 G''>弹性贮存模量 G'，说明溶液 MBSH5 溶液在不同的振幅频率变化范围内呈现不同的黏弹行为。

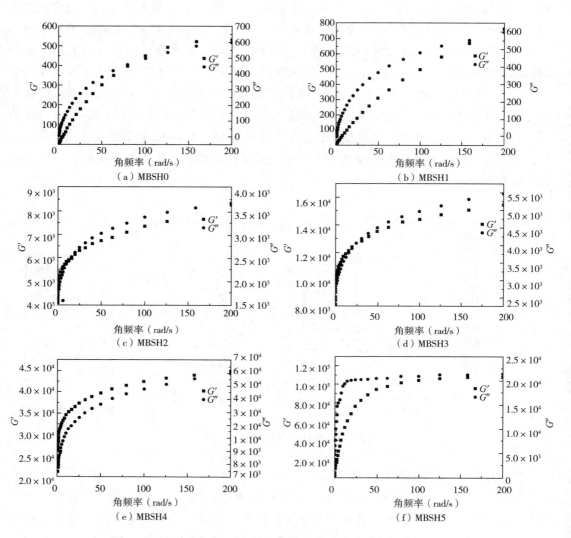

图 2-5　SA 溶液和 MBSH 溶液的动态黏弹性参数与频率关系曲线

　　对于 SA 溶液、MBSH 溶液，随着桑皮纤维素含量的增加，流体弹性模量增加的幅度大于黏性损耗模量的增加，原因是随着桑皮纤维素含量的增加，桑皮纤维素分子和海藻酸钠分子的相互作用增大，使分子间的网状结合增强，黏弹特性增加。当桑皮纤维素含量增加到一定程度时，溶液的弹性贮存模量不再显著大于黏性损耗模量，原因是桑皮纤维素含量太高阻碍了桑皮纤维素分子和海藻酸钠分子的相互作用，使流体内网状结合减弱，黏弹特性下降。

　　图 2-6 为 SA 溶液和 MBSH 溶液的损耗系数与频率的关系曲线图。SA 溶液一般具有黏弹行为，所以预设参数和测量结果之间绘制的正弦曲线会呈现针对响应信号的时间滞后。此时间滞后用相位角表示，相位角 δ 范围为 0°～90°。相位角 δ 具有的一般规律：理

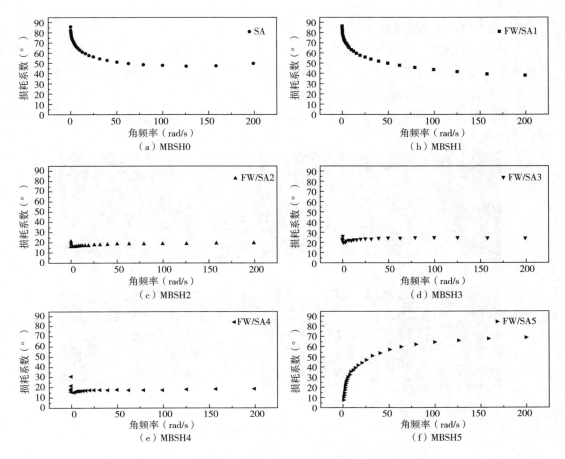

图 2-6　SA 溶液与 MBSH 溶液的损耗系数与频率关系曲线

想弹性固体物质的 $\delta=0°$，理想黏性流动行为样品的 $\delta=90°$，所有类型黏弹行为的 δ 值均在 $0°\sim90°$。当 δ 为 $0°\sim45°$，即 $0°\leqslant\delta<45°$ 时，样品属于固体和类凝胶状态。当 δ 为 $45°\sim90°$，即 $45°<\delta\leqslant90°$ 时，样品属于流体状态。图 2-6（a）SA 溶液的最小相位角随着频率的增加 δ 始终大于 $45°$，因此在频率为 $0\sim50\mathrm{rad/s}$ 时，$\delta>45°$ 属于流体状态，而 MBSH1 溶液在频率增加时，δ 逐渐下降到 $45°$ 以下，所以趋近类凝胶状态。MBSH2 溶液、MBSH3 和 MBSH4 随着频率的增加 δ 始终介于 $0°\sim45°$，说明此时的纤维素海藻酸钠水溶液属于类凝胶状态。MBSH5 的 δ 随着频率的增加逐渐增大，最大相位角接近 $70°$，而最小相位角也接近 $10°$，说明溶液会随着频率的变化呈现不同的黏弹行为，当频率在 $0\sim45\mathrm{rad/s}$ 时，溶液表现出类凝胶状态；当频率大于 $45\mathrm{rad/s}$ 时，溶液属于类流体状态，说明纤维素含量太多，多余的纤维没有参与纤维与海藻酸钠的交联，导致溶液在频率增加时，不具有凝胶状态。综合图 2-4~图 2-6 的分析结果可以看出，MBSH4 的凝胶状态比较理想。

2.4.2 MBSA 凝胶球的形貌分析

不同组分的 MBSA 凝胶球内部形貌如图 2-7 所示。从图 2-7 可以看出，凝胶球内部具有很多相互连通的疏松多孔的三维孔洞，以及桑皮纤维与海藻酸钠交联后形成的片状聚集层，这种三维多孔的凝胶球网络结构和片层结构可以通过桑皮纤维的加入量进行调控。正是这种结构使 MBSA 凝胶球具有较高孔隙率，这样有利于外界气体分子进入凝胶球内部的网络结构。

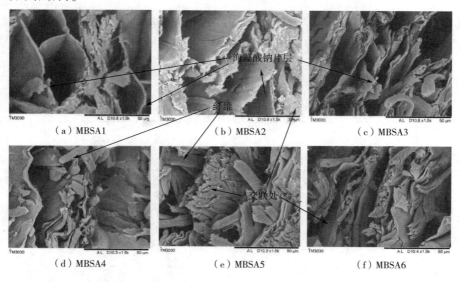

图 2-7　不同组分的 MBSA 凝胶球内部形貌

　　桑皮纤维/海藻酸凝胶球随着桑皮纤维素含量的增加，网状结构趋于均匀一致，海藻酸钠附着在桑皮纤维素链上，主体表现出网状互穿的三维网络结构，当桑皮纤维素的含量达到临界值 [图 2-7 (e)] 之后，凝胶球内部的孔隙和片层结构会变得杂乱无章，这是由于过量的桑皮纤维无法满足海藻酸钠的交联，多余的桑皮纤维附着在片层表面和穿插在孔隙内部，形成图 2-7 (f) 的内部结构形貌。结合水凝胶的表征和形貌分析在下面的载药性能分析时，选择 MBSA4 这个组分。

　　图 2-8 为不同组分 MBSA 凝胶球的表面形貌，实验制备的桑皮纤维/海藻酸钠凝胶球的平均粒径在 1.5mm 左右。从图 2-8 (a) ~ (f) 可以看出，通过 $CaCl_2$ 固化后的凝胶球的外观呈球形，颗粒饱满，没有出现破裂。在添加的桑皮纤维含量逐渐增加后，复合凝胶球的宏观形貌为表面凹凸不平的球形，复合凝胶球表面颜色变深，光滑度先增加后减小。桑皮纤维/海藻酸钠凝胶球的体积先增大后减小，主要是由于桑皮纤维素网络的限制会使海藻酸钠分子不能自由运动或者从凝胶中流出，而是在纤维素网络中不断膨胀，从而使凝胶球的体积增加。当纤维素含量达到临界值后，纤维素网络中包裹的海藻酸钠会逐步溶解，纤维素凝胶在纤维素分子链间的氢键作用增强，使纤维素网络收紧。

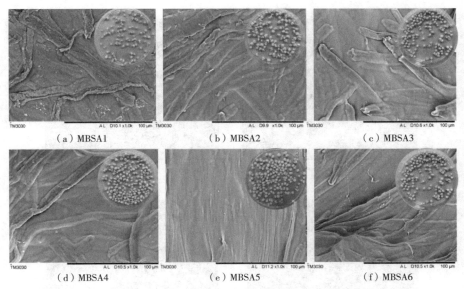

（a）MBSA1　　　　　　（b）MBSA2　　　　　　（c）MBSA3

（d）MBSA4　　　　　　（e）MBSA5　　　　　　（f）MBSA6

图 2-8　不同组分 MBSA 凝胶球的表面形貌

通过对图 2-7 和图 2-8 分析可以看出，MBSA 凝胶球呈现出表面密集有一点硬度、内部疏松多孔可压缩的核壳层次结构。

2.4.3　MBSA 凝胶球的元素分析

为了确认 MBSA 凝胶球中桑皮纤维和海藻酸钠的混合均匀度以及经 $CaCl_2$ 固化后凝胶球内的元素分布情况，实验采用 EDS 能谱仪对制备的桑皮纤维凝胶球内部进行扫描分析。如图 2-9 所示，所制备的桑皮纤维凝胶球内部主要由 C、O、Na、Cl 和 Ca 元素组成，它们之间相对原子比为 C：O：Na：Cl：Ca = 47.540：31.184：10.397：5.317：5.562 [图 2-9（g）]。众所周知，桑皮纤维素主要是由 C、H、O 元素组成的，而 H 元素是在能谱中显示不出来的。Na 元素在内部的分布情况表明海藻酸钠与桑皮纤维素大分子链发生了交联。Cl 元素和 Ca 元素内部的分布情况表明，经 $CaCl_2$ 固化的凝胶球 Cl 元素和 Ca 元素已经渗透到凝胶球的内部。

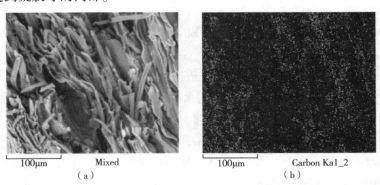

100μm　　　Mixed　　　　　　100μm　　　Carbon Ka1_2
　　　　　（a）　　　　　　　　　　　　　（b）

图 2-9

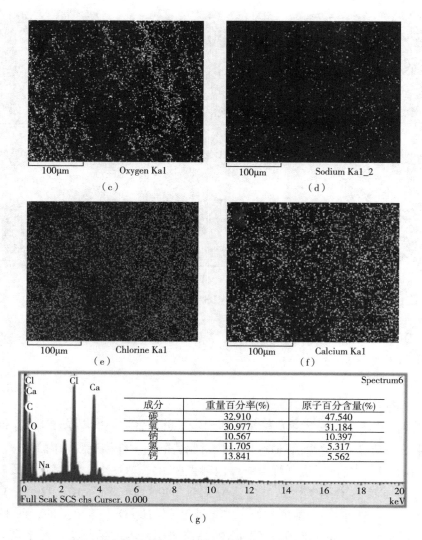

图 2-9　MBSA 凝胶球的低分辨率电镜以及元素分布

（a）凝胶球内部扫描区域　（b）~（f）为样品所对应的元素能谱图　（g）为凝胶球内部的元素含量

2.4.4　MBSA 凝胶球的体积收缩率分析

通过对水凝胶球实物图（图 2-10）和气凝胶球的实物照（图 2-8）辅以 Image-Pro Plus 6.0 软件对 MBSA 凝胶球的体积收缩率进行计算得到的结果，如图 2-11 所示。

实验采用液滴—悬浮凝胶成球法制得的水凝胶球平均直径为 3mm，桑皮纤维/海藻酸钠凝胶球在真空冷冻干燥后体积会发生收缩，体积收缩的程度用体积收缩率来表示，不同组分桑皮纤维凝胶球的体积收缩率有所不同，这主要与桑皮纤维的添加量有关，凝胶球在干燥的过程中由于纤维素网络的限制会使海藻酸钠分子不能自由运动，交联后形成的三维网络结构中冰晶直接升华形成三维孔隙结构，纤维素的含量越多，交联的程度越

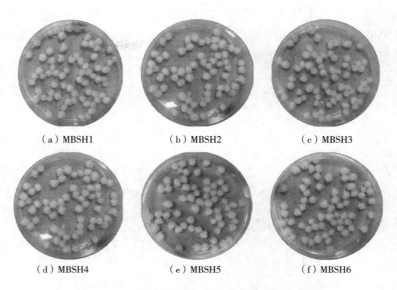

（a）MBSH1　　　　　（b）MBSH2　　　　　（c）MBSH3

（d）MBSH4　　　　　（e）MBSH5　　　　　（f）MBSH6

图 2-10　不同组分桑皮纤维水凝胶球的实物图

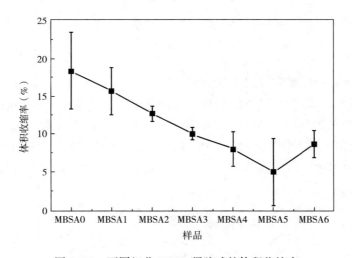

图 2-11　不同组分 MBSA 凝胶球的体积收缩率

充分，骨架结构在干燥的过程中越不容易坍塌，所以体积收缩率整体下降。当桑皮纳米纤维的含量达到临界值后，过多的纤维素会影响纤维素大分子链与海藻酸钠分子交联形成的骨架结构，凝胶结构在冻干过程中的收缩程度会增加，导致 MBSA6 的体积收缩率大于 MBSA5。

2.4.5　MBSA 凝胶球的密度分析

不同组分桑皮纤维凝胶球的密度如图 2-12 所示。通过对图 2-12 的分析可以看出，桑皮纤维凝胶球的密度比较小，纯海藻酸钠凝胶球的密度最小，随着凝胶球中桑皮纤维添加量的增加，凝胶球的质量增加，MBSA1~MBSA5 凝胶球的体积也逐渐增加，MBSA6 凝胶球的体积略有减小，经过对实验数据的处理发现凝胶球的密度逐渐增加，并且随着凝胶球中桑皮纤维含量的增加，密度整体呈上升趋势。

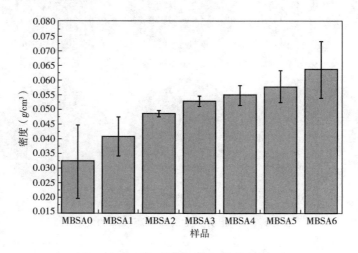

图 2-12　不同组分桑皮纤维凝胶球的密度

2.4.6　MBSA 凝胶球的红外光谱分析

图 2-13 是桑皮纤维/海藻酸钠凝胶球的红外光谱图，利用 4000~500cm⁻¹ 的光谱范围对 MBSA 进行红外光谱分析，从图中可以看出，MBSA1~MBSA6 的特征吸收峰明显具有不同的位置。在 3172cm⁻¹ 处、1409cm⁻¹ 处与 1033cm⁻¹ 处峰向都是向高波处移动，这可能是凝胶球在凝胶过程中，内部水分子与其他分子链结合的同时阻碍了纤维素分子链自身

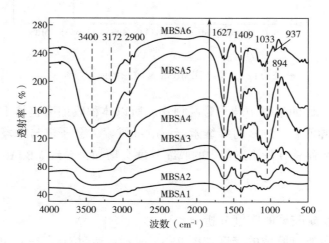

图 2-13　MBSA 凝胶球红外光谱图

的结合。在 1033cm⁻¹ 处呈吸收峰状态，可以看出纤维素通过溶解又再生状态，表明纤维素凝胶球在制备过程中发生的仅仅是物理结构变化。MBSA1～MBSA6 曲线中 1627cm⁻¹ 和 1409cm⁻¹ 处分别为 C—H 键对称伸缩和不对称伸缩振动引起的峰，是海藻酸钠的特征峰，MBSA4～MBSA6 曲线中，在 3550～3000cm⁻¹ 处大而宽的峰表明凝胶球上存在大量氢键，可能由于海藻酸钠与桑皮纤维素之间的反应，随着纤维素含量的增加，氢键含量逐渐增加。MBSA1～MBSA6 曲线在 3600～3200cm⁻¹ 范围的谱峰强度变强，说明—OH 谱峰的含量增加，是来自纤维素，半纤维素和木质素的信号源，说明 MBSA1～MBSA6 曲线还有纤维素含量增加。

2.4.7 MBSA 凝胶球的 X 射线衍射分析

如图 2-14 所示，为进一步分析纯海藻酸钠凝胶球和不同添加量桑皮纤维海藻酸钠凝胶球晶体结构的变化，实验分别测试了 MBSA0～MBSA6 的 X 射线衍射图。图 2-14（a）为纯海藻酸钠凝胶球的 XRD 图谱，图中没有出现明显的峰值，MBSA1～MBSA6 的 X 射线衍射图大约在 2θ＝22°处出现强峰，归属于 MBSA1～MBSA6 的 002 晶面，另外两个峰大约在 15°和 34°出现，分别对应 101 和 040 晶面，这是典型的纤维素 I 晶体结构。

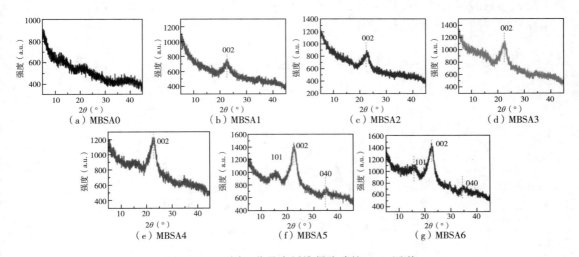

图 2-14 不同组分桑皮纤维凝胶球的 XRD 图谱

通过对特征衍射峰的强度分析可知，MBSA1～MBSA6 的强度明显增加，这说明桑皮纤维含量的增加对海藻酸钠凝胶球的晶型确实存在一定的影响。此结果与 SEM 图形的规律高度一致，在形貌上表现为交联的程度比较充分，这样的结构为后续桑皮纤维/海藻酸钠凝胶球的抗菌性能研究提供较多的纤维附着点和更大的接触面积。实验表明凝胶球制备过程中对生物质纤维素没有负面影响。但是至于该凝胶球是否具备抑菌载药等性能，该两种测试并不能直接得出结论，还需要进一步研究和探索测试。

2.4.8　MBSA4 凝胶球的抗菌性能分析

将制备好的 MBSA 凝胶球与细菌菌液混合，如图 2-15 所示，凝胶球的抗菌效果主要取决于抑菌圈的大小。从图中可以看出，3∶1、1∶1 的条件下，抗菌效果最好，而 1∶3 的条件下，也具有一定的抗菌性能。与水溶液对比发现，MBSA 凝胶球具有抗菌性能。

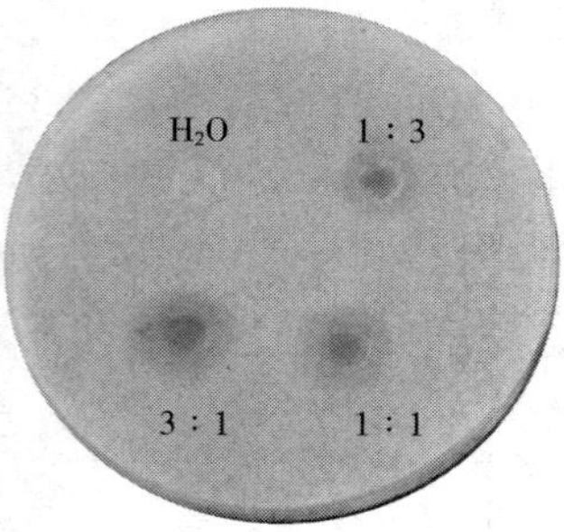

2.4.9　MBSA4 凝胶球的溶胀性能分析

纤维素凝胶球材料密度低，含有大量羟基，因此材料表现出良好的亲水性能。图 2-16 为 MBSA4 凝胶球在不同 pH 环境下的吸水倍率曲线图，由图可知，MBSA4 凝胶球在 pH＝7.8 的环境下，基本在 60min 左右吸水达到溶胀平衡，在 pH＝1.3 的环境下，基本在 5min 左右吸水达到溶胀平衡。MBSA4 凝胶球在 pH＝7.8 的环境下，达到溶胀平衡时的最大吸水倍率从 13.9g/g 上升到 14.8g/g，MBSA4 凝胶球在 pH＝1.3 的环境下，达到溶胀平衡时，吸水能力基本保持不变，达到溶胀平衡时的最大吸水倍率从 4.7g/g 上升到 5.8g/g。因此，MBSA4 凝胶球在碱性环境下的溶胀性能比较理想。

图 2-15　MBSA 凝胶球抗菌图片

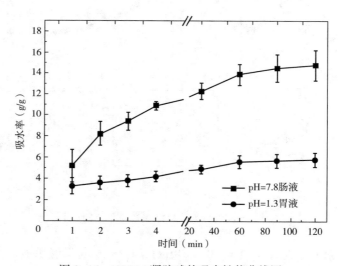

图 2-16　MBSA4 凝胶球的吸水性能曲线图

MBSA4 凝胶球由于其多孔网络结构，及良好的柔韧性，采用吸水挤压法测定 MBSA4 凝胶球在 pH＝7.8 环境下的吸水重复性。如图 2-17 所示，称取 MBSA4 凝胶球的质量 20mg，MBSA4 凝胶球吸水达到溶胀平衡后的质量为 590mg，第一次挤压之后质量为 41mg，再次置于水中吸水实验，MBSA4 凝胶球达到溶胀平衡的质量为 561mg，MBSA4 凝胶球经过 5 次重复吸水挤压后，达到溶胀平衡时的质量基本维持在 546mg。实验结果表明，经过 5 次循环挤压的 MBSA4 凝胶球的内部结构发生一些破坏，MBSA4 凝胶球仍表现出良好的循环再利用性。

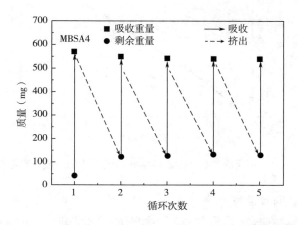

图 2-17   pH=7.8 环境下 MBSA4 凝胶球的吸水重复性曲线图

2.4.10   MBSA4 凝胶球的载药性能分析

2.4.10.1   黄连素标准溶液的绘制

空白 MBSA4 凝胶球水溶液无明显吸光度，黄连素乙醇溶液对紫外光的最大吸光度对应的波长如图 2-18 所示，黄连素乙醇溶液浓度和最大波长处吸光度的关系曲线，即吸光度—浓度标准曲线，如图 2-19 所示。

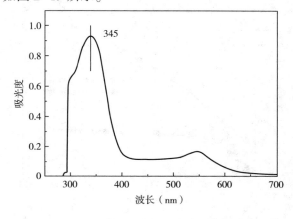

图 2-18   黄连素乙醇溶液的紫外光光谱图

通过图 2-18 获得的黄连素乙醇溶液在最大吸光度处对应的波长，图 2-18 由图 2-19 最大吸光度处对应的波长描绘出黄连素乙醇溶液浓度 C 与对应吸光度 A 之间的关系曲线。获得黄连素乙醇溶液的浓度与吸光度之间的良好线性表达式为 $A = 0.82 \times C + 0.02$（$R^2 = 0.998$）。

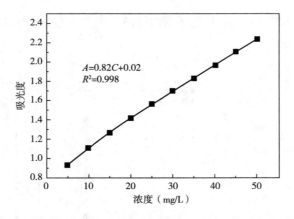

图 2-19　不同浓度黄连素乙醇溶液的吸光度—浓度标准曲线

2.4.10.2　体外载药释放度测定

按照 MBSA4 凝胶球在模拟胃液和肠液环境下的溶胀性能，MBSA4 凝胶球负载黄连素的药物释放能力通过模拟肠液 pH = 7.8、肠液 pH = 1.3 环境进行表征，MBSA4 凝胶球的药物释放曲线如图 2-20 所示，通过对图 2-20 的分析得出，MBSA4 凝胶球负载的黄连素在肠液中的释放速度大于在胃液中的释放速度。MBSA4 凝胶球负载的黄连素在肠液中溶胀率大，有利于药物的释放，因此释放容量大。MBSA4 凝胶球负载的黄连素在胃液中 20h 左右达到释放平衡，药物释放量达到 35%；在肠液中大约在 50h 达到释放平衡，药物释放量达到 86%。

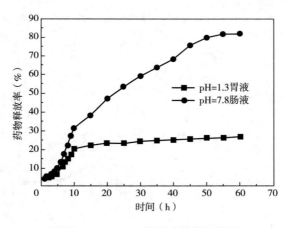

图 2-20　MBSA4 凝胶球载药释放量

MBSA4 凝胶球在肠液环境下，桑皮纤维、海藻酸钠与黄连素形成静电吸附、氢键等相互作用，MBSA4 凝胶球基本在 60min 达到吸附平衡，平衡载药量为 1.98mg/mg。

2.5　结论

桑皮纤维/海藻酸钠凝胶球针对传统纤维素凝胶球在制备过程中，由于液滴的下落成球会与凝固浴之间发生碰撞和扩散造成畸形的问题，以海藻酸钠为功能性组件，通过共混法和液滴—悬浮凝胶成球法，制备出的桑皮纤维/海藻酸钠抗菌型复合水凝胶球，再通过冷冻干燥法制备出具有抗菌性的核壳结构多孔凝胶球，结论如下。

（1）水凝胶的流变性能结果表明，6 种水凝胶的流体类型为假塑性流体。凝胶中纤维素和海藻酸钠分子间的交联点增加，纤维素溶液体系中分子间的缠节点减少，其中 MBSH4 的交联点最多，黏度也最大；随着纤维素含量的增加，流体的弹性模量增加的幅度大于黏性损耗模量的增加。溶液会随着振幅频率的变化呈现不同的黏弹行为，当频率在 0~45rad/s 时，溶液表现出类凝胶状态；当频率>45rad/s 时，溶液表现出类流体状态，综合分析可知：MBSH4 适宜制备凝胶球。

（2）单一组分的海藻酸钠凝胶球容易成形，在氯化钙溶液中也很容易让表面固化，外表有弹性，当放在真空冷冻干燥机中冷冻并真空干燥后，表面很脆、很硬、易碎、力学性能较差。桑皮纤维与海藻酸钠的混合，能一定程度上改善凝胶球的力学性能、球体内部的孔隙结构。通过 TM3030 形貌、XRD、红外以及抗菌等测试得出，凝胶球抗菌效果较为良好，可用于制备载药型桑皮纤维/海藻酸钠凝胶球。

（3）桑皮纤维/海藻酸钠凝胶球具有抗菌效果，在肠液中大约 50h 后达到释放平衡，药物释放量达到 86%。MBSA4 凝胶球在肠液环境下，MBSA4 凝胶球基本在 60min 达到吸附平衡，平衡载药量为 1.98mg/mg。

第3章　桑皮纳米纤维的制备及表征

3.1　引言

在新型的纤维素资源中，纤维素纳米纤维的生产已成为可再生资源发展的热点材料，因为它们具有特殊的物理化学属性，如可再生性、生物可降解性、环境友好、低密度、优良的力学性能、热稳定性和高比表面积。

本章以第2章制备的桑皮纤维为原料，采用环境友好的过硫酸铵氧化方法制备桑皮纳米纤维，以桑皮纳米纤维的得率为目标，采用响应面法优化了制备工艺。利用SEM、TEM、AFM表征桑皮纳米纤维的形貌，利用全自动比表面积与孔隙率分析仪表征凝胶球的比表面积和孔径，探讨桑皮纳米纤维的氧化制备机理，为桑皮纳米纤维在载药吸附领域的应用奠定基础。

3.2　桑皮纳米纤维的制备

3.2.1　实验材料

桑皮纤维（第2章制备），过硫酸铵［分析纯，阿拉丁试剂（上海）有限公司］，去离子水（实验室自备）。

3.2.2　实验仪器

主要实验仪器见表3-1。

表3-1　主要实验仪器

仪器/设备	型号	生产厂家
分析天平	FA2004	江苏同君科技仪器有限公司
真空冷冻干燥机	FD-1A-80	江苏天翎仪器有限公司
电热鼓风烘箱	PH400HD101A-2	南通宏大实验仪器有限公司
pH计	—	上海精密仪器仪表有限公司
SEM	SEM4800	日本日立有限公司

仪器/设备	型号	生产厂家
AFM	Dimension Icon	美国 DI 公司
TEM	TECNAI G2 F20	美国 FEI 公司
全自动比表面积与孔隙率分析仪	QUADRASORB SI	美国康塔仪器公司
X 射线能谱分析仪	Axis Ulra DLD	英国 Kratos

3.2.3　实验过程

3.2.3.1　桑皮纳米纤维的制备工艺

将一定质量的桑皮纤维放置在预先配制好的过硫酸铵溶液中，在加热条件下，放置在磁力搅拌器中搅拌 13~19h，将氧化后的溶液加入 400mL 去离子水中稀释，稀释时应将去离子水经玻璃棒引导流入水中，之后用玻璃棒不断搅拌，5min 后停止搅拌终止反应，静止放置 3h 后，利用离心机离心处理 4~5 次，每次离心后将上清液倒掉，将从悬浮液中分离出来的纳米纤维用去离子水进行稀释；将分离出的纳米纤维放入透析袋中，在去离子水中进行透析，前 3h 每小时换一次去离子水，直到 pH 为中性；透析后的桑皮纳米纤维进行超声处理 3min 后，放入冰箱冷冻，最后经过真空冷冻干燥机干燥，得到桑皮纳米纤维（mulberry nanofibril，MNF），氧化机理如图 3-1 所示。

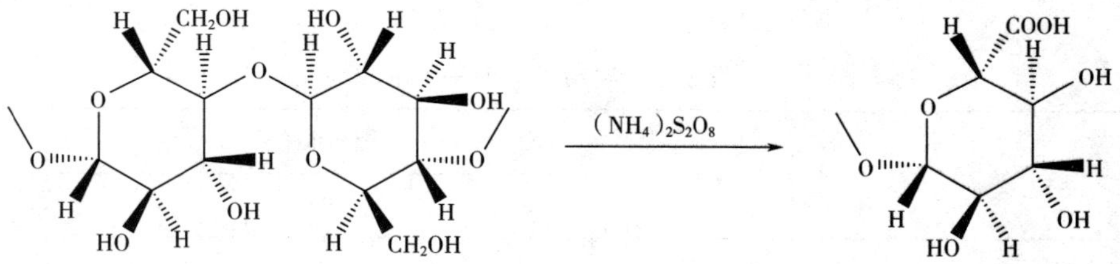

图 3-1　过硫酸铵氧化法的反应过程

并计算桑皮纳米纤维得率 Y，计算公式见式（3-1），备用。

$$Y = \frac{W_1}{W_0} \times 100\% \tag{3-1}$$

式中：W_0 为桑皮纤维的质量（g）；W_1 为桑皮纳米纤维素的质量（g）。

3.2.3.2　桑皮纳米纤维制备单因素试验

按表 3-2 工艺条件制备纳米纤维素，选择某一因素进行试验时，其他因素均选取水平 4 的相应参数，见表 3-2。以桑皮纳米纤维得率 Y（%）为指标进行单因素试验分析。

表 3-2　单因素试验因素水平表

水平	时间（h）	过硫酸铵溶液（mol/g）	温度（℃）	纤维质量（g）
1	13	0.5	40	0.5

水平	时间（h）	过硫酸铵溶液（mol/g）	温度（℃）	纤维质量（g）
2	14	1	50	1
3	15	1.5	60	1.5
4	16	2	70	2
5	17	2.5	80	2.5
6	18	3	90	3
7	19	3.5	100	3.5

3.2.3.3 响应面实验设计

响应面法（response surface methodology，RSM）最早在 1951 年由数学家 Box 和 Wilson 提出，是在一系列试验的基础上将体系的响应与一个或多个因素之间的关系利用函数来表达，拟合一个响应面来模拟真实状态，直观地反映出不同因素对体系的影响。中心复合设计（central composite design，CCD）是其中一种常用的设计方法，可以通过最少的实验来拟合响应面模型。本章利用 Design Expert 8 提供的 CCD 实验方案，对桑皮纳米纤维的制备进行优化。实验的因素共有 4 个，分别为（A）反应时间；（B）过硫酸铵溶液浓度；（C）温度；（D）纤维质量。每个因素的水平设置为 5，实验设计因子水平见表 3-3。

表 3-3　实验设计因子水平

因子	范围和水平				
	-2	-1	0	1	2
时间（h）	14	15	16	17	18
过硫酸铵溶液（mol/g）	1.0	1.5	2.0	2.5	3.0
温度（℃）	50	60	70	80	90
纤维质量（g）	1	1.5	2	2.5	3

3.3　桑皮纳米纤维的表征

3.3.1　纤维物理性能表征

3.3.1.1　纤维吸油力的测定

参照文献方法测定，分别称取一定量的桑皮纤维、桑皮纳米纤维样品置于离心管中，按照 1 : 10（质量体积比）比例加入玉米油（市售），水浴振荡 5min 后，室温下静置 30min，在 1500r/min 的转速下离心 10min，弃掉上清液，称重沉淀质量。计算桑皮纤维、桑皮纳米纤维吸油力见式（3-2）。

$$OHC = \frac{W_2 - W_1}{W_1}$$ (3-2)

式中：OHC 为吸油力（g/g）；W_1 为称取的桑皮纤维、桑皮纳米纤维样品质量（g）；W_2 为离心沉淀后的桑皮纤维、桑皮纳米纤维样品质量（g）。

3.3.1.2　纤维持水力的测定

参照文献方法测定，分别称取一定量的桑皮纤维、桑皮纳米纤维样品置于离心管中，按照 1 : 20（质量体积比）比例加入去离子水，水浴振荡 5h 后，在 1500r/min 的转速下离心 10min，弃掉上清液，称重沉淀质量。计算持水力见式（3-3）。

$$WHC = \frac{W_2 - W_1}{W_1}$$ (3-3)

式中：WHC 持水力（g/g）；W_1 为称取的桑皮纤维、桑皮纳米纤维样品质量（g）；W_2 为离心沉淀后的桑皮纤维、桑皮纳米纤维样品质量（g）。

3.3.1.3　纤维吸水膨胀性的测定

参照文献方法测定，分别称取一定量的桑皮纤维、桑皮纳米纤维置于刻度试管中，记录样品的体积，按照 1 : 20（质量体积比）比例加入去离子水，充分摇匀，室温下静置 12h，记录吸水后样品的体积。计算吸水膨胀性见式（3-4）。

$$SWC = \frac{V_2 - V_1}{W}$$ (3-4)

式中：SWC 为吸水膨胀性（mL/g）；W 为称取的桑皮纤维、桑皮纳米纤维样品质量（g）；V_1 为吸水前桑皮纤维、桑皮纳米纤维样品体积（mL）；V_2 为吸水后桑皮纤维、桑皮纳米纤维样品体积（mL）。

3.3.2　桑皮纳米纤维表面形貌分析

3.3.2.1　SEM 表征

采用 S-4800 型场发射扫描电子显微镜，取 5μL 超声分散后的桑皮纳米纤维（1%，质量分数）滴于硅片上干燥，固定，喷金，加速电压为 10kV，图像采用二次电子成像采集，对桑皮纳米纤维形貌和粒径分布进行表征。

3.3.2.2　TEM 表征

采用美国 FEI 公司的 TECNAI G2 F20 场发射透射电子显微镜，用移液枪吸取少量桑皮纳米纤维（1%，质量分数）滴在铜网上，负染后干燥，加速电压 200kV，观察对桑皮纳米纤维的微观形貌和粒径分布情况。

3.3.2.3　AFM 表征

采用美国 DI 公司 Nano Scope（R）Ⅲa multimode 原子力显微镜（atomic force microscope，AFM）对桑皮纳米纤维进行表面分析。成像模式为轻敲模式，扫描速率为 1.0Hz，针尖为 DI 公司配备的 tapping mode 的针尖（硅针尖）。

3.3.3 桑皮纳米纤维比表面积表征

依照 GB/T 19587—2004 测试桑皮纳米纤维的比表面积及孔径分布，采用 QUADRA-SORB SI 全自动比表面积与孔隙率分析仪，放置于在 100℃ 条件下进行脱气 12h，然后利用 N_2 良好的可逆吸附特性进行吸附/脱附实验。脱气结束后对桑皮纳米纤维进行比表面积、孔体积以及孔径分布分析。

3.4 结果与讨论

3.4.1 桑皮纳米纤维素制备单因素试验结果与分析

3.4.1.1 氧化时间对 MNF 得率的影响

氧化时间对 MNF 得率的影响如图 3-2 所示，由结果可知，MNF 的得率随着氧化时间的增加，纳米纤维得率的变化趋势是先增大后减小。原因是氧化时间较短，纤维素与过硫酸铵接触不充分，氧化时间长，结晶区中的纤维素由于排列有序、紧密、分子间距较小且密度大，氧化氢和氧原子不容易进入进行发生氧化。因此选择氧化时间 16h 比较适合。

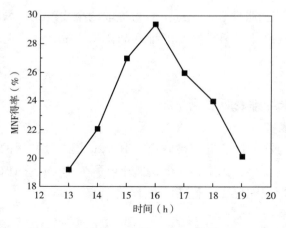

图 3-2　氧化时间对 MNF 得率的影响

3.4.1.2 过硫酸铵溶液浓度对 MNF 得率的影响

过硫酸铵溶液浓度对 MNF 得率的影响如图 3-3 所示，MNF 的得率随着过硫酸铵溶液浓度的增大而呈现出先增大后减小趋势。原因是当过硫酸铵溶液较低时，由于纤维素溶胀率较低，使氧化反应不够充分。当过硫酸铵溶液浓度继续增大时，由于纤维素在过硫酸铵溶液中过度氧化生成了葡萄糖，导致 MNF 得率降低，当过硫酸铵溶液浓度达到 3.5mol/g 时，纤维素氧化严重。综上，选取过硫酸铵溶液浓度为 2mol/g 较为合适。

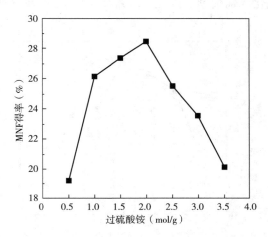

图 3-3　过硫酸铵溶液浓度对 MNF 得率的影响

3.4.1.3　氧化温度对 MNF 得率的影响

氧化温度对 MNF 得率的影响如图 3-4 所示，MNF 的得率随着氧化温度的升高而呈先增大后减小趋势。分析原因是温度较低时，水解反应不充分，使 MNF 得率较低，随着温度的逐渐升高，氧化反应较充分，以促进纤维素分子的糖苷键发生断裂，但是温度过高时，使纤维素分子过度地发生氧化反应生成葡萄糖，致使 MNF 得率下降。因此氧化温度为 70℃ 比较合适。

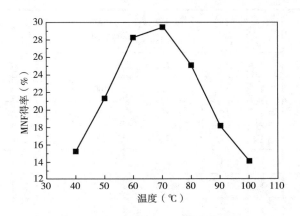

图 3-4　氧化温度对 MNF 得率的影响

3.4.1.4　纤维质量对 MNF 得率的影响

纤维质量对 MNF 得率的影响如图 3-5 所示，MNF 的得率随着纤维质量的增加而增大。当纤维质量继续增加时，MNF 得率则随之下降。分析原因是溶液中桑皮纤维较多，而过硫酸铵溶液相对较少，使桑皮纤维与过硫酸铵发生氧化反应的作用点较少，从而使氧化反应不够充分。当桑皮纤维较少时，由于过硫酸铵溶液相对较多，加快氧化反应速度，使桑皮纤维过度氧化成葡萄糖。因此当纤维质量为 2g 时较为适合。

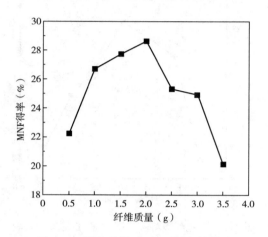

图 3-5　纤维质量对 MNF 得率的影响

3.4.2　实验结果与模型建立

根据以上单因素试验结果，利用 Design Expert 8.0.6 软件，采用 Central Composite Design（CCD）响应面法设计 4 因素 5 水平试验，实验结果与预测结果见表 3-4。

表 3-4　实验结果与预测结果

std	A	B	C	D	时间（h）	过硫酸铵（mol/g）	温度（℃）	MNF（g）	MNF 得率（%）	预收率（%）
1	-1	-1	-1	-1	15	1.5	60	1.5	29.28	28.89
2	1	-1	-1	-1	17	1.5	60	1.5	28.85	28.87
3	-1	1	-1	-1	15	2.5	60	1.5	24.98	24.81
4	1	1	-1	-1	17	2.5	60	1.5	28.56	28.76
5	-1	-1	1	-1	15	1.5	80	1.5	24.89	24.76
6	1	-1	1	-1	17	1.5	80	1.5	21.03	20.78
7	-1	1	1	-1	15	2.5	80	1.5	24.12	24.16
8	1	1	1	-1	17	2.5	80	1.5	24.19	24.14
9	-1	-1	-1	1	15	1.5	60	2.5	29.88	29.35
10	1	-1	-1	1	17	1.5	60	2.5	31.39	31.36

续表

std	A	B	C	D	时间 （h）	过硫酸铵 （mol/g）	温度 （℃）	MNF （g）	MNF 得率 （%）	预收率 （%）
11	−1	1	−1	1	15	2.5	60	2.5	21.97	22.24
12	1	1	−1	1	17	2.5	60	2.5	28.67	28.22
13	−1	−1	1	1	15	1.5	80	2.5	22.57	22.39
14	1	−1	1	1	17	1.5	80	2.5	20.83	20.42
15	−1	1	1	1	15	2.5	80	2.5	19.35	18.75
16	1	1	1	1	17	2.5	80	2.5	20.34	20.75
17	−2	0	0	0	14	2	70	2	23.56	24.13
18	2	0	0	0	18	2	70	2	26.12	26.12
19	0	−2	0	0	16	1	70	2	27.47	28.14
20	0	2	0	0	16	3	70	2	24.49	24.39
21	0	0	−2	0	16	2	50	2	27.31	27.57
22	0	0	2	0	16	2	90	2	15.68	15.98
23	0	0	0	−2	16	2	70	1	27.88	27.96
24	0	0	0	2	16	2	70	3	24.56	25.04
25	0	0	0	0	16	2	70	2	35.18	35.59
26	0	0	0	0	16	2	70	2	35.65	35.59
27	0	0	0	0	16	2	70	2	35.82	35.59
28	0	0	0	0	16	2	70	2	35.64	35.59
29	0	0	0	0	16	2	70	2	35.84	35.59
30	0	0	0	0	16	2	70	2	35.38	35.59

利用 Design Expert 8.0.6 软件将表3-4 中的试验数据进行多元回归拟合，得到回归模型如下：

$$Y = 35.59 + 0.50 \times A - 0.94 \times B - 2.90 \times C - 0.73 \times D + 0.99 \times A \times B - 0.99 \times A \times C + 0.51 \times A \times D + 0.87 \times B \times C - 0.76 \times B \times D - 0.71 \times C \times D - 2.62 \times A^2 - 2.33 \times B^2 - 3.45 \times C^2 - 2.27 \times D^2$$

对该模型进行方差分析及显著性检验，回归模型的 $p < 0.0001$，表明模型差异极显著失拟项 $p = 0.0647 > 0.05$，表明失拟不显著。本试验模型的相关系数 $R^2 = 0.9981$，校正相关系数 $R_{\text{Adj}}^2 = 0.9923$，说明该模型能够解释 99.23% 响应值的变化，因此该模型与实际试验拟合程度良好，试验误差小，该模型能够很好地对响应值 MNF 得率进行分析和预测。

由表3-5 回归方程系数显著性检验可知，该模型中 A，B，C，D，AB，AC，BC，BD，CD，A^2，B^2，C^2，D^2 对得率影响极为显著，AD 项对得率的影响显著。从 F 值可以

看出各因素对得率的影响顺序为：$C>B>D>A$，即温度>过硫酸铵溶液浓度>桑皮纳米纤维质量>时间。根据方差分析和回归方程系数显著性检验结果，将差异不显著因子剔除后的回归方程如下：

$$Y=35.59+0.50\times A-0.94\times B-2.90\times C-0.73\times D+0.99\times A\times B-0.99\times A\times C+0.87\times B\times C-0.76\times B\times D-0.71\times C\times D-2.62\times A^2-2.33\times B^2-3.45\times C^2-2.27\times D^2$$

表3-5 二次方程模型的方差分析

来源	平方和	d_f	平均值	F 值	p 值 Prob>F
模型	881.11	14	62.94	303.96	< 0.0001
A （时间）	5.94	1	5.94	28.69	< 0.0001
B （过硫酸铵溶液浓度）	21.09	1	21.09	101.87	< 0.0001
C （温度）	201.38	1	201.38	972.56	< 0.0001
D （纤维质量）	12.82	1	12.82	61.91	< 0.0001
AB	15.72	1	15.72	75.93	< 0.0001
AC	15.8	1	15.8	76.31	< 0.0001
AD	4.1	1	4.1	19.8	0.0005
BC	12.08	1	12.08	58.32	< 0.0001
BD	9.21	1	9.21	44.49	< 0.0001
CD	8.09	1	8.09	39.09	< 0.0001
A^2	187.68	1	187.68	906.42	< 0.0001
B^2	149.01	1	149.01	719.67	< 0.0001
C^2	326.86	1	326.86	1578.6	< 0.0001
D^2	141.44	1	141.44	683.09	< 0.0001
剩余误差	3.11	15	0.21		
失拟性	2.77	10	0.28	4.16	0.0647
纯误差	0.33	5	0.067		
总计	884.22	29			

3.4.3 桑皮纳米纤维制备工艺优化

本试验以MNF得率为寻优目标，利用软件Design Expert进行综合寻优，得到优化结果。当时间为16.05h，浓度为1.86mol/g，温度66.73℃，纤维质量2.18g，预测得出MNF得率为35.96%。按上述各因素优化结果进行验证试验，结果得到MNF得率为35.81%、35.62%、36.25%，平均值35.68%，可见验证试验值与模型预测值比较接近，表明该模型预测结果良好。

3.4.4　桑皮纳米纤维物理性能试验结果

纤维物理性能试验结果见表3-6，通过与桑皮纤维的数据进行对比，桑皮纳米纤维的吸油力与持水力都比桑皮纤维的值大，这是因为经过氧化处理后的纳米纤维，桑皮纤维的表面积小，同样质量的桑皮纤维和桑皮纳米纤维，桑皮纳米纤维的数量要比桑皮纤维多很多，因其较大的比表面积有利于吸附油和水分子；而桑皮纤维的吸水膨胀性比桑皮纳米纤维的纤维值大。

表 3-6　纤维物理性能试验结果

纤维种类	OHC（g/g）	WHC（g/g）	SWC（mL/g）
桑皮纤维	1.49	6.82	13.54
桑皮纳米纤维	5.14	7.89	10.98

3.4.5　桑皮纳米纤维的形貌分析

为了表征桑皮纳米纤维的微观形貌及尺寸范围，进一步分析桑皮纳米纤维的尺寸粒径。图3-6为桑皮纳米纤维形貌图。

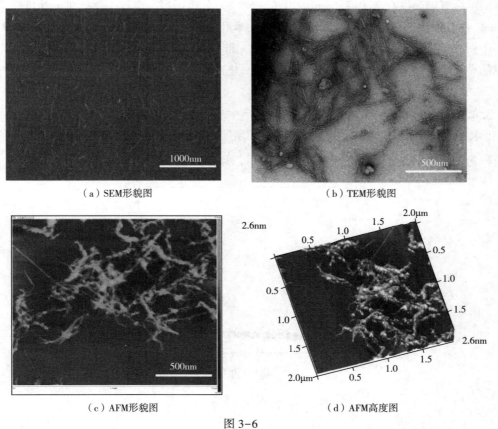

（a）SEM形貌图　　　　　　　　　（b）TEM形貌图

（c）AFM形貌图　　　　　　　　　（d）AFM高度图

图 3-6

51

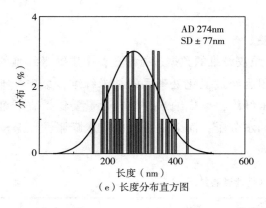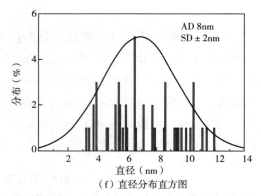

（e）长度分布直方图 　　　　　（f）直径分布直方图

图 3-6　桑皮纳米纤维形貌图

图 3-6 为过硫酸铵氧化法制得的桑皮纳米纤维形貌图，（a）为 SEM 形貌图、（b）为 TEM 形貌图、（c）为 AFM 形貌图及（d）为 AFM 高度图、（e）为长度分布直方图、（f）为直径分布直方图。根据图 3-6（a）~（c），利用 NA（nanoscope analysis）至少测量 50 根三种不同方式获得的纳米纤维长度和直径，然后分别取平均值，得出桑皮纳米纤维的长度分布如图 3-6（e）所示，直径分布如图 3-6（f）所示。由图 3-6（b）分析得出，桑皮纳米纤维的高度在 2.1~2.6nm，由图 3-6（c）分析得出，桑皮纳米纤维的长度在 197~351nm，由长度图 3-6（c）分析得出，桑皮纳米纤维的直径为 6~10nm，长径比可达 59。

由图 3-6 分析得出，纳米纤维呈线条状，部分纤维搭接在一起。过硫酸铵氧化法所制得的桑皮纳米纤维纳米级别高，长径比高，是良好吸附剂的基本性能指标之一。

3.4.6　桑皮纳米纤维的比表面积分析

桑皮纳米纤维的 N_2 吸附—脱附等温线如图 3-7 所示。由图可知桑皮纳米纤维的比表面积为 82.18m^2/g，这也是桑皮纳米纤维可以用于负载药物的原因之一。

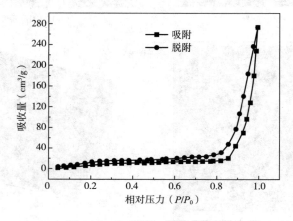

图 3-7　N_2 吸附—脱附等温线

3.5　结论

在新颖的纤维素资源中，桑皮生物质纤维是优良的可再生资源，具有生物可降解性，对环境友好。本章采用绿色的过硫酸铵氧化方法制备桑皮纳米纤维，以桑皮纳米纤维的得率为目标，采用响应面法优化了制备工艺，具体的结论如下。

（1）四个因素对桑皮纳米纤维的影响顺序为：温度>过硫酸铵溶液浓度>桑皮纳米纤维质量>时间。根据方差分析和回归方程系数显著性检验结果，以 MNF 得率为寻优目标，得到优化结果为时间 16.05h，过硫酸铵溶液浓度为 1.86mol/g，温度 66.73℃，桑皮纤维质量 2.18g，预测得出 MNF 得率为 35.96%。验证结果得到 MNF 得率平均值 35.68%，可见验证试验值与模型预测值比较接近，表明该模型预测结果良好。

（2）形貌结果表明桑皮纳米纤维的高度在 2.1~2.6nm，桑皮纳米纤维的长度在 197~351nm，桑皮纳米纤维的直径为 6~10nm，长径比可达 59。桑皮纳米纤维呈线条状，部分纤维搭接在一起。过硫酸铵氧化法所制得的桑皮纳米纤维纳米级别高，长径比高，是良好吸附剂的基本性能指标之一。

（3）桑皮纳米纤维的比表面积为 82.18m^2/g，这也是桑皮纳米纤维可以用于负载药物的原因之一。

第4章 桑皮纳米纤维/壳聚糖/海藻酸钠凝胶球的制备及表征

4.1 引言

本章以第3章制备的桑皮纳米纤维为原料，以海藻酸钠为功能性组件，通过共混法和液滴—悬浮凝胶成球法，添加壳聚糖成功地制备出桑皮纳米纤维/壳聚糖/海藻酸钠复合水凝胶球，再通过冷冻干燥法制备出具有高比表面积的核壳结构的多孔凝胶球。研究凝胶球在药物负载及药物缓释领域的应用。

利用 TM3030 台式电子显微镜表征凝胶球的形貌，利用全自动比表面积与孔隙率分析仪表征凝胶球的比表面积和孔径，对凝胶球的体积收缩率和密度进行分析，分析凝胶球的抗菌性能，利用凝胶球的高比表面积及多孔网络结构的优势，研究凝胶球在不同环境下的载药（黄连素）缓释性能，探讨凝胶球的载药结肠靶向机理，为桑皮纳米纤维/壳聚糖/海藻酸钠凝胶球在载药方面的研究提供借鉴意义。

4.2 桑皮纳米纤维/壳聚糖/海藻酸钠凝胶球的制备

4.2.1 实验材料

桑皮纳米纤维（第2章制备），壳聚糖（化学纯，黏度为 $50\sim800\mathrm{mPa\cdot s}$，脱乙酰度≥90%，上海展云化工有限公司），海藻酸钠（化学纯，500g，上海国药集团化学试剂有限公司），氯化钙［分析纯，阿拉丁试剂（上海）有限公司］，去离子水（实验室自备）。

4.2.2 实验仪器

主要实验仪器见表 4-1。

表 4-1 实验仪器

仪器	型号	生产厂家
分析天平	FA2004	江苏同君科技仪器有限公司

仪器	型号	生产厂家
真空冷冻干燥机	FD-1A-80	江苏天翎仪器有限公司
电热鼓风烘箱	PH400HD101A-2	南通宏大实验仪器有限公司
真空脱泡机	ITT-1100S	深圳市英泰特激光有限公司
搅拌机	LIAEBO	常州励案宝机械设备有限公司
pH计	—	上海精密仪器仪表有限公司
紫外分光光度计	TU-1810	北京普析通用仪器有限责任公司
场发射扫描电镜	SEM4800	日本日立有限公司
全自动比表面积与孔隙率分析仪	QUADRASORB SI	美国康塔仪器公司
X射线能谱分析仪	Axis Ulra DLD	英国Kratos

4.2.3 实验过程

（1）海藻酸钠溶液的制备。称取0.4g海藻酸钠，加入100mL去离子水中，在常温条件下，用搅拌机搅拌海藻酸钠溶液20min，然后用真空脱泡机脱泡20min，备用。

（2）桑皮纳米纤维/壳聚糖/海藻酸钠水凝胶的制备。按照一定的配比将桑皮纳米纤维（0.5%，1%，1.5%，2%，2.5%，3%）、0.5g的壳聚糖放置于海藻酸钠溶液，常温条件下，将纤维均匀搅拌分散于海藻酸钠溶液中10min，利用真空烘箱脱泡处理混合溶液1h，然后将复合水凝胶快速分装于模具尿杯和直径12cm的培养皿中进行凝胶12h，待海藻酸钠和全组分纤维素完全交联凝胶化。

（3）桑皮纳米纤维/壳聚糖/海藻酸钠（MNSA）凝胶球的制备。采用液滴悬浮凝胶法，将桑皮纳米纤维/壳聚糖/海藻酸钠凝胶溶液通过胶头滴管在压力、表面张力、重力和胶头滴管引力的共同作用下形成球状可控的液滴，并将其放入0.2%（质量分数）氯化钙溶液中，依次重复这样的工序，直到将桑皮纳米纤维/海藻酸钠溶液制备完成。制作好的凝胶球放在0.2%氯化钙溶液中24h，使其表面固化。24h之后，用去离子水将凝胶球表面的氯化钙清洗干净，重复清洗5~6遍。然后将清洗好的凝胶球放在培养皿中，放在FD-1A-80真空冷冻干燥机中冷冻6h，冷冻温度为-90℃，随后立刻放置在架子真空干燥（真空度：5MPa，干燥36h）。将冷冻干燥好的凝胶球取出，制备完成具有核壳结构的桑皮纳米纤维/壳聚糖/海藻酸钠凝胶球，得到不同外观形貌的MNSA分别标记为：MNSA1、MNSA2、MNSA3、MNSA4、MNSA5、MNSA6。工艺参数见表4-2。

表4-2 工艺参数

序号	海藻酸钠（g）	壳聚糖（g）	桑皮纳米纤维（g）	去离子水（mL）
MNSA1	4	0.5	0.5	100

序号	海藻酸钠（g）	壳聚糖（g）	桑皮纳米纤维（g）	去离子水（mL）
MNSA2	4	0.5	1.0	100
MNSA3	4	0.5	1.5	100
MNSA4	4	0.5	2.0	100
MNSA5	4	0.5	2.5	100
MNSA6	4	0.5	3.0	100

4.3 桑皮纳米纤维/壳聚糖/海藻酸钠凝胶球的表征

4.3.1 MNSA 凝胶球的形貌测试

台式电子显微镜可以直观地捕捉 MNSA 凝胶球的微观形貌，将凝胶球用剪刀剪开后静止一段时间恢复形貌，将 MNSA 凝胶球的表面和内部按次序贴在导电胶上，喷金后观察凝胶球的表面和内部的形貌。

4.3.2 MNSA 凝胶球的体积收缩率测试

通过对 MNSA 水凝胶球和 MNSA 凝胶球的实物照辅以 Image－Pro Plus 6.0 软件对 MNSA 凝胶球体进行直径测量，取小球数目为 50 颗，分别测量计算出 MNSA 水凝胶球和 MNSA 凝胶球的平均直径，计算见式（4-1）。

$$收缩率 = \frac{d_1^3 - d_2^3}{d_1^3} \times 100\% \tag{4-1}$$

式中：d_1 为 MNSA 水凝胶球的平均直径（mm）；d_2 为 MNSA 凝胶球的平均直径（mm）。

4.3.3 MNSA 凝胶球的密度测试

利用电子天平称取 MNSA 凝胶球的质量，标记为 m，利用游标卡尺准确测量 MNSA 凝胶球的直径，标记为 d，每个样品测量 5 次取平均值，并计算标准偏差。MNSA 凝胶球密度的计算见式（4-2）。

$$\rho = \frac{6m}{\pi d^3} \tag{4-2}$$

式中：ρ 为 MNSA 凝胶球的密度（g/cm³）；m 为 MNSA 凝胶球的质量（g）；d 为 MNSA 凝胶球的平均直径（mm）。

4.3.4　MNSA5 凝胶球的溶胀性能测试

称取 0.5g 的 MNSA5，投入浓度为 500mg/L 的黄连素乙醇溶液，在水浴振荡器中振荡 120min 后烘燥，取适量负载黄连素的 MNSA5 质量记为 m_0，将 MNSA5 浸没在酸碱性不同的去离子水中，利用氢氧化钠调节去离子水呈弱碱性 pH=7.8（肠液环境），利用盐酸调节去离子水呈弱酸性 pH=1.3（胃液环境），每隔 5min 将 MNSA5 取出，吸去 MNSA5 表面的多余水分后质量记为 m_1，重复实验直到 MNSA5 的质量保持不变为止。吸水倍率的 w 计算见式（4-3）。

$$w = \frac{m_1 - m_0}{m_0} \tag{4-3}$$

4.3.5　MNSA5 凝胶球的抗菌性能测试

为了研究 MNSA5 凝胶球的抗菌活性，实验选择了革兰氏阴性细菌（大肠杆菌）作为目标细菌。在研究中，实验进行定性测试：对大肠杆菌进行抑菌圈实验。

4.3.6　MNSA5 凝胶球的载药性能测试

4.3.6.1　黄连素标准溶液的绘制

黄连素标准溶液的绘制方法见第 2 章。

4.3.6.2　体外载药释放度测定

体外载药释放度测定见第 2 章。

4.4　结果与讨论

4.4.1　MNSA5 凝胶球的形貌分析

不同组分的 MNSA 凝胶球内部的 SEM 形貌如图 4-1 所示，MNSA5 凝胶球的表面和边缘的 SEM 形貌如图 4-2 所示。图 4-1 为不同组分的 MNSA 凝胶球内部的 SEM 图，从图中可以看出，凝胶球内部呈疏松的核壳层次结构。凝胶球的内部层次（a）～（f）结构有所差异，MNSA1 和 MNSA2 内部结构呈片层结构，部分密集，这是由于海藻酸钠的含量比较充分，与桑皮纳米纤维的交联不充分；MNSA3 和 MNSA4 的内部结构随着桑皮纳米纤维含量的增加，内部孔洞增加；MNSA5 和 MNSA6 的内部结构随着桑皮纳米纤维含量的增加，内部孔洞变得更有规律，说明桑皮纳米纤维与壳聚糖、海藻酸钠的交联比较充分。因此在下面的载药性能研究采用 MNSA5 这个组分。图 4-2 为桑皮纳米纤维/壳聚糖/海藻酸钠凝胶球的表面和边缘形貌，从图 4-2（a）可以发现，凝胶球的表面为致密的凹凸不平的结构，凝胶球的边缘为致密的外壳包覆，因此，这种结构决定凝胶球具有良好的力学性

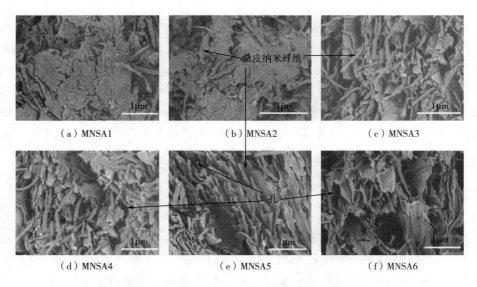

图 4-1　不同组分 MNSA 凝胶球内部的 SEM 图

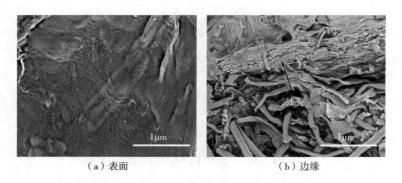

（a）表面　　　　　　　（b）边缘

图 4-2　MNSA5 凝胶球的 SEM 图

能，能够抵抗外力的破坏，为凝胶球在各领域的应用奠定基础。

4.4.2　MNSA 凝胶球的体积收缩率分析

MNSA 凝胶球实物图如图 4-3 所示，辅以 Image-Pro Plus 6.0 软件对 MNSA 凝胶球的体积收缩率进行计算，得到的结果如图 4-4 所示。实验采用液滴—悬浮凝胶成球法制得的凝胶球平均直径为 2.8mm，不同组分 MNSA 凝胶球在真空冷冻干燥后体积会发生收缩，组分不同，体积收缩率有所不同，这主要与桑皮纳米纤维的添加量有关，凝胶球在干燥的过程中由于桑皮纳米纤维网络的限制会使海藻酸钠分子不能自由运动，交联后形成的三维网络结构中冰晶直接升华形成三维孔隙结构，桑皮纳米纤维的含量越多，交联的程度越充分，骨架结构在干燥的过程中越不容易坍塌，所以体积收缩率整体下降，如图 4-4 所示。当桑皮纳米纤维含量达到临界值后，过多的桑皮纳米纤维影响纤维素大分子链与海藻酸钠交联形成的骨架结构，凝胶结构在冻干过程中的收缩程度会增加，导致 MNSA6 的体积收缩率大于 MNSA5 的体积收缩率，这与扫描电镜的分析结果一致。

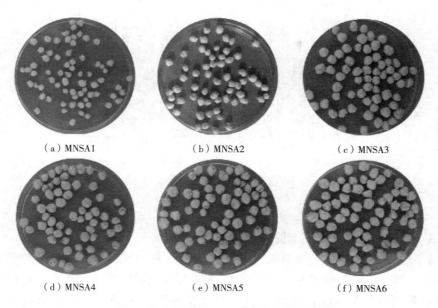

（a）MNSA1　　　　　（b）MNSA2　　　　　（c）MNSA3

（d）MNSA4　　　　　（e）MNSA5　　　　　（f）MNSA6

图 4-3　不同组分 MNSA 凝胶球实物图

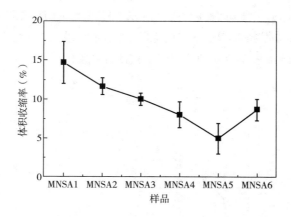

图 4-4　不同组分 MNSA 凝胶球的体积收缩率

4.4.3　MNSA 凝胶球的密度分析

　　不同组分 MNSA 凝胶球的密度如图 4-5 所示。通过对图 4-5 的分析可以看出，桑皮纳米纤维凝胶球的密度比较小，随着凝胶球中桑皮纳米纤维添加量的增加，凝胶球的质量增加，MNSA1～MNSA6 凝胶球的体积也逐渐增加，MBSA5 凝胶球的体积略有减小（图 4-3），经过对实验结果分析发现凝胶球的密度逐渐增加，并且随着凝胶球中桑皮纳米纤维含量的增加，密度整体呈上升趋势。

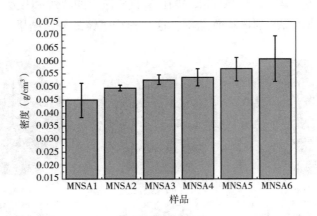

图 4-5　MNSA 凝胶球的密度

4.4.4　MNSA5 凝胶球的溶胀性能分析

纤维素凝胶球的密度低，含有大量羟基，因此材料表现出良好的亲水性能。图 4-6 为 MNSA5 凝胶球在不同 pH 环境下的吸水倍率曲线图，由图可知，MNSA5 凝胶球在 pH = 7.8 的环境下，基本在 80min 左右吸水达到溶胀平衡，在 pH = 1.3 的环境下，基本在 20min 左右吸水达到溶胀平衡。MNSA5 凝胶球在 pH = 7.8 的环境下，达到溶胀平衡时的最大吸水倍率从 18.5g/g 上升到 18.8g/g，MNSA5 凝胶球在 pH = 1.3 的环境下，达到溶胀平衡时，吸水能力基本保持不变，达到溶胀平衡时的最大吸水倍率从 4.8g/g 上升到 5.8g/g。因此，MNSA5 凝胶球在碱性环境下的溶胀性能比较理想。

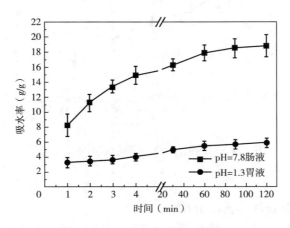

图 4-6　MNSA5 凝胶球的吸水性能曲线图

MNSA5 凝胶球由于其多孔网络结构及良好的柔韧性，采用吸水挤压法测定 MNSA5 凝胶球在 pH = 7.8 环境下的吸水重复性。如图 4-7 所示，称取 MNSA5 凝胶球的质量 20mg，MNSA5 凝胶球吸水达到溶胀平衡后质量达到 608mg，第一次挤压之后质量为 48mg，再次置于水中吸水实验，MNSA5 凝胶球达到溶胀平衡的质量为 590mg，MNSA5 凝胶球经过 5 次重复吸水挤压后，达到溶胀平衡时的质量基本维持在 566mg。实验结果表明，经过 5 次循环挤压的 MNSA5 凝胶球的内部结构发生破坏，MNSA5 凝胶球仍表现出良好的循环再利用性。

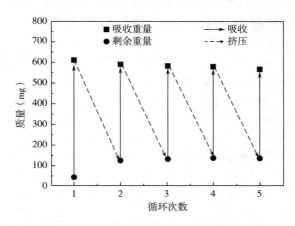

图 4-7　pH=7.8 环境下 MNSA5 凝胶球的吸水重复性曲线图

4.4.5　MNSA5 凝胶球的抗菌性能分析

将制备好的凝胶球与细菌菌液混合，图 4-8 是 MNSA 凝胶球的抑菌圈照片，从图中可以看出凝胶球的抗菌效果主要取决于抑菌圈的大小。从图中也可以看出，3∶1、1∶1 的条件下，抗菌性能最好，而 1∶3 的条件下，也具有一定的抗菌性能，MNSA 凝胶球的抑菌效果明显。

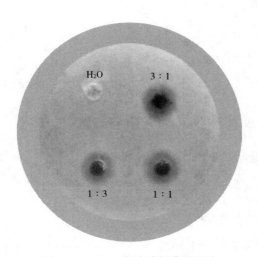

图 4-8　MNSA 凝胶球抑菌圈照片

4.4.6　MNSA5 凝胶球的载药性能分析

4.4.6.1　黄连素标准溶液的绘制

空白 MNSA5 凝胶球水溶液无明显吸光度，黄连素乙醇溶液对紫外光的最大吸光度处对应的波长如图 4-9 所示，黄连素乙醇溶液浓度和最大波长处吸光度的关系曲线即吸光度—浓度标准曲线，如图 4-10 所示。

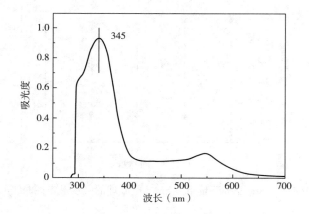

图 4-9　黄连素乙醇溶液的紫外光光谱图

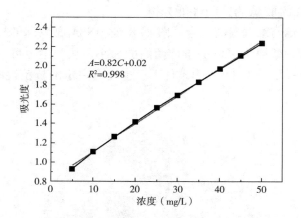

图 4-10　不同浓度黄连素乙醇溶液的吸光度—浓度标准曲线

通过图 4-9 获得黄连素乙醇在最大吸光度处对应的波长，图 4-10 是由图 4-9 最大吸光度处对应的波长描绘出黄连素乙醇溶液浓度 C 与对应吸光度 A 之间的关系曲线，C 与 A 之间的良好线性表达式为 $A = 0.82 \times C + 0.02$（$R^2 = 0.998$）。

4.4.6.2　体外载药释放度测定

按照 MNSA5 凝胶球在模拟胃液和肠液环境下的溶胀性能，MNSA5 凝胶球负载黄连素乙醇的药物释放能力通过模拟肠液 pH = 7.8、胃液 pH = 1.3 环境进行表征，MNSA5 凝胶球的药物释放曲线如图 4-11 所示，通过对图 4-11 的分析得出，MNSA5 凝胶球负载的黄连素乙醇在肠液中的释放速度大于在胃液中的释放速度。MNSA5 凝胶球负载的黄连素乙醇在肠液中的溶胀率大，有利于药物的释放，因此释放容量大。MNSA5 凝胶球负载的黄连素乙醇在胃液中 20h 左右达到释放平衡，药物释放量达到 26.5%；在肠液中大约在 80h 达到释放平衡，药物释放量达到 95.4%。

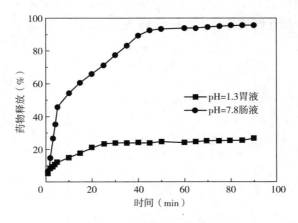

图 4-11 MNSA5 凝胶球载药释放量

MNSA5 凝胶球在肠液环境下，桑皮纳米纤维、壳聚糖、海藻酸钠与黄连素乙醇形成静电吸附、氢键等相互作用，另外，由于桑皮纳米纤维的高比表面积，MNSA5 凝胶球基本在 80min 达到吸附平衡，平衡载药量为 2.08mg/mg。

4.5 结论

随着科技与医疗的发展，研究人员对环保无毒、可降解、与生理相容性良好的药物载体材料的开发与应用也越来越广泛。海藻酸钠作为天然多糖高分子材料具有 pH 敏感性，实验采用液滴—悬浮凝胶成球法，本章将桑皮纳米纤维、壳聚糖、海藻酸钠复合制备的凝胶球作为药物载体，避免了纯海藻酸钠气凝胶吸水溶胀后容易崩解分散，且强度和韧性不高，载药后容易造成药物突释的弊端。本草采用物理交联相结合的方法制备具有互穿网络结构的复合凝胶球，具体的研究结果如下。

（1）不同组分的 MNSA 凝胶球呈内部疏松的核壳层次结构。MNSA5 和 MNSA6 的内部结构随着桑皮纳米纤维含量的增加，桑皮纳米纤维与壳聚糖、海藻酸钠的交联比较充分，内部孔洞比较规律。

（2）制得的凝胶球平均直径为 2.8mm，不同组分 MNSA 凝胶球的体积在真空冷冻干燥后体积会发生收缩，这与桑皮纳米纤维的添加量有关，桑皮纳米纤维的含量越多交联的程度越充分，骨架结构在干燥的过程中越不容易坍塌，所以体积收缩率整体下降。

（3）桑皮纤维凝胶球的密度比较小，随着凝胶球中桑皮纳米纤维添加量的增加，凝胶球的质量增加，体积也由 MNSA1～MNSA6 逐渐增加，MBSA5 凝胶球的体积略有减小，凝胶球的密度逐渐增加。

（4）MNSA5 凝胶球在碱性环境下的溶胀性能比较理想。经过 5 次循环挤压，MNSA5 凝胶球的内部结构遭到破坏，MNSA5 凝胶球仍表现出良好的循环再利用性。

（5）凝胶球抑菌效果明显，在肠液中大约在 80h 达到释放平衡，药物释放量达到 95.4%。MNSA5 凝胶球在肠液环境下，MNSA5 凝胶球基本在 80min 达到吸附平衡，平衡载药量为 2.08mg/mg。

第5章　棕榈纤维制备的工艺优化及表征

5.1　引言

目前习惯上把纤维中大分子有规律地整齐排列状态称为结晶态，而结晶态的区域称为结晶区；把纤维素大分子排列不规则的凝集态称为非晶态，非晶态区域叫非结晶区。大多数纤维素材料是由半结晶的高聚物材料形成，其结晶部分和非结晶部分分别提供可供使用的一些重要性能，如结晶度的大小会对材料的力学、热学、光学等性能产生较大的影响。

棕榈纤维（windmill palm fiber，WPF）具有低密度、高强度、生物可降解、来源丰富、价格低的特质，是优良的绿色天然纤维和纺织工业的重要原料之一。棕榈纤维主要成分包括木质素、半纤维素和纤维素。有关亚麻、苎麻、棉纤维、棕榈纤维的聚集态结构研究已有文献报道。研究纤维的数学工具有分形微积分（fractal calculus）、延迟分数模型（delayed fractional model）、朗缪尔模型（the langmuir model）和灰色模型（the grey model），而棕榈纤维的化学成分含量与结晶度之间的模型关系建立还没有研究报道。

灰色模型（GM）是通过一些已知信息和部分未知信息建立未知关系的过程，它能够展现事物的内部发展变化。灰色模型具有建模精度高、所需建模数据少，且建模数据可无序等优点。鉴于纤维材料的结晶度直接影响其加工和使用的诸多性能，成为纺织材料科学的重点研究内容之一。

本章通过 X 射线衍射这一重要有效的方法，测试分析其结晶结构参数。根据纤维不同组分在碱溶液和氧化剂中溶解度不同，运用碱—氧联合化学脱胶法，在相同的处理时间下，采用不同浓度的氢氧化钠溶液、过氧化氢溶液，煮练温度和液料比设计实验，参考 GB 5889—1986《苎麻化学成分定量分析方法》测试了 29 组棕榈纤维的成分含量，通过 X 射线衍射测试得到的 29 组棕榈纤维结晶度，建立了棕榈纤维化学成分与结晶度 GM（1,4）的灰色模型。通过该灰色模型可以对棕榈纤维的化学成分含量与结晶度的关系进行预测，同时探寻出各化学成分含量对结晶度的影响，采用扫描电镜、红外测试和拉曼测试表征了脱胶前后的棕榈纤维的形貌和化学成分，为棕榈纤维的聚集态结构和应用提供一定的理论基础。

5.2　棕榈纤维制备的工艺优化

5.2.1　实验原料与试剂

原料：棕丝（原样），购于湖北恩施。

试剂：浓硫酸（H_2SO_4）（分析纯，浓度为98%，江苏强盛功能化学股份有限公司）；氢氧化钠（NaOH）（分析纯，江苏强盛功能化学股份有限公司）；过氧化氢（H_2O_2）（分析纯，上海凌峰化学试剂有限公司）；亚氯酸钠（$NaClO_2$）（分析纯，上海泰坦科技股份有限公司）；溴化钾（KBr）［光谱纯，阿拉丁试剂（上海）有限公司］；冰醋酸（乙酸，CHCOOH）（分析纯，江苏强盛功能化学股份有限公司）。

5.2.2　实验仪器

HD500型恒温水浴振荡器（上海浦东荣丰科学仪器有限公司），BSA224S电子天平（赛多利斯科学仪器有限公司），DHG-9241A电热恒温鼓风干燥箱（上海浦东荣丰科学仪器有限公司），直径300mm干燥器［四川蜀玻（集团）有限责任公司］，SHZ-D型双表循环水式真空泵（上海力辰科技有限公司），Y171A型纤维切断器（10mm），S-4800型场发射扫描电子显微镜，VERTEX70傅里叶变换红外光谱仪，Leica EM UC7-FC7冷冻超薄切片机，HORIBA型拉曼扫描光谱仪，X'Pert MPD X射线粉末衍射仪。试验需要的仪器还有200目的分样筛、水系微孔滤膜、胶头滴管、玻璃棒、镊子、磨口三角烧瓶、圆底烧瓶、剪刀、称量纸、不同直径的培养皿、不同量程的烧杯和量筒等。

5.2.3　WPF的脱胶实验方案设计

棕丝的预处理：对棕丝进行切断—浸泡—煮练—水洗—烘干—煮练—水洗—烘干—开松的处理。具体操作为：将棕丝梳理伸直，用闸刀按照一定间距切断，便于进行后续的化学脱胶，切断后棕榈纤维的平均长度为6.9cm，将切断后棕丝放在水中完全浸润24h，以除去棕榈纤维中掺杂的皮屑、灰尘等杂质，将浸泡后的棕榈用去水进行反复冲洗，以进一步洗去棕榈中的部分杂质。

利用棕丝的不同组分在碱溶液和氧化剂中溶解度不同，可以部分除去表面覆盖的半纤维素和木质素，提高纤维素纤维的含量。实验采用碱氧联合脱胶的化学脱胶法对棕丝进行脱胶，脱胶实验基于多元非线性回归分析的因变量氢氧化钠浓度、过氧化氢浓度、温度和液料比四个参数设计实验方案，脱胶实验方案设计见表5-1。

表5-1　碱氧脱胶实验方案设计

实验编号	氢氧化钠（g/L）	过氧化氢（mg/L）	温度（℃）	液料比（L/g）
1	5	15	80	15

实验编号	氢氧化钠（g/L）	过氧化氢（mg/L）	温度（℃）	液料比（L/g）
2	10	15	80	15
3	15	15	80	15
4	20	15	80	15
5	25	15	80	15
6	15	5	80	15
7	15	10	80	15
8	15	15	90	20
9	15	20	80	15
10	15	25	80	15
11	15	15	60	15
12	15	15	70	15
13	15	20	90	20
14	15	15	90	15
15	15	15	100	15
16	15	15	80	5
17	15	15	80	10
18	15	20	90	15
19	15	15	80	20
20	15	15	80	25
21	25	5	60	5
22	25	10	70	10
23	10	10	70	15
24	10	5	70	15
25	10	10	80	5
26	10	15	60	10
27	15	5	80	10
28	15	10	60	15
29	15	15	70	5

注　1~20 为单因素实验方案，21~29 为正交实验方案。

5.2.4 WPF 的化学成分与物理性能间灰色模型的建立方法

灰色模型建立的主要过程是，由已知信息构建原始序列，将原始序列进行初始化处理、累加得到累加生成序列，部分数据求得均值生成序列，使数据呈现出一定的特征规律。通过一定公式运用处理后的数据建立灰微分方程，即可得到灰色模型。用灰色体系模型建立 WPF 化学成分与结晶度性能之间的量化模型。

以由单因素和正交试验得到的 29 组棕榈纤维的半纤维素、木质素、纤维素作为比较数列 X_1、X_2、X_3，以结晶度作为参考数列 X_0，利用最小二乘算式和 Matlab 编程软件按照编程进行运算，求得发展系数和灰作用量，建立 GM（1，4）模型，该 GM（1，4）模型的灰微分方程见式（5-1）。

$$X_0^0(k) = b_1 X_1^1(k) + b_2 X_2^1(k) + b_3 X_3^1(k) - a Z_1(k) \tag{5-1}$$

式中：b_1、b_2、b_3 为灰作用量；a 为发展系数；$X_0^0(k)$ 为参考数据的初始化处理后数据；$X_1^1(k)$、$X_2^1(k)$、$X_3^1(k)$ 为半纤维素、木质、纤维素的一次累加生成数据；$Z_0(k)$ 为参考数据的均值生成数据。

5.3　棕榈纤维的表征

5.3.1　WPF 的化学成分测试

在确定化学成分之前，将所有 WPF 样品经烘箱在 90℃ 条件下烘燥 24h 以消除水分，从编号 1~29 的每组 WPF 样品中随机抽取出 5g，抽取的样品要具有随机性和代表性，每组样品抽取 2 次。

5.3.1.1　棕纤维素含量的测试

棕纤维素是去除抽出物和木质素所残留的部分，即纤维素与半纤维素的综合。采用的是亚氯酸钠法制取棕纤维素。

用分析天平分别称量 3g 的 WPF 和 2.5g 亚氯酸钠置入烧杯，并将烧杯按照实验方案顺序进行编号 1~29，用量筒量取 120mL 水，再取 1mL 乙酸置入烧杯中，均匀搅拌使水与乙酸充分混合，然后将冰醋酸溶液倒入装有 WPF 的烧杯中，用电子恒温水浴锅加热，设置温度为 70℃，时间为 1h，冷却、过滤，重复处理 3 次后，将得到的固体物质放入 40℃ 电热鼓风干燥箱中烘燥至恒重，然后放入干燥皿中冷却后称重，所得质量便为棕纤维素的质量 G_1。

5.3.1.2　纤维素和半纤维素含量的测试

采用 TAPPI（T203cm-09）2009 测试纤维素的含量。称量 17.5g 的氢氧化钠固体加入 82.5mL 水中，均匀搅拌静置冷却后待用；用分析天平称量 1g 棕纤维素置于烧杯中，并将烧杯按照实验方案顺序进行编号，用移液管移取 10mL 氢氧化钠溶液处理棕纤维素，处理时间为 8min，再加入 10mL 的氢氧化钠溶液，处理 20min 后加入 40mL 的水进行稀释，然后利用中和反应用冰醋酸清洗，去除纤维表面的氢氧化钠残留，将处理后的纤维放入 40℃ 电热鼓风干燥箱中烘燥至恒重，用分析天平称重，所得为纤维素的质量 G_2。纤维素的含量计算见式（5-2），半纤维素的含量计算见式（5-3）。

$$W_1 = \frac{G_2 \times G_1}{3} \times 100\% \tag{5-2}$$

式中：W_1 为纤维素的含量；G_1 为棕纤维素的干重克数（g）；G_2 为测试纤维素的干重克数（g）。

$$W_2 = \frac{G_1 \times (1 - G_2)}{3} \times 100\%$$ (5-3)

式中：W_2 为半纤维素的含量；G_1 为棕纤维素的干重克数（g）；G_2 为纤维素的干重克数（g）。

5.3.1.3　木质素含量的测试

木质素是植物细胞壁的重要组成部分，采用 TAPPI（T222cm-11）2011 测试木质素的含量。本实验用 72% 的浓硫酸处理 WPF，处理后所残留的物质即为木质素，将 WPF 剪碎使硫酸能够充分溶解 WPF。用 98% 的浓硫酸按照 1.9∶1 配制 72% 的浓硫酸，静置冷却待用；用分析天平称量 1g 处理的 WPF，并用剪刀将 WPF 剪碎小于 1cm，置于烧杯中按照实验方案顺序进行编号；用移液管取 15mL 72% 浓硫酸加入烧杯中，将烧杯封口，处理 24h 后，再加入 560mL 去离子水进行稀释；用抽吸式过滤装置进行过滤，待过滤的水溶液清澈即可；将过滤所得物质放入 40℃ 电热鼓风干燥箱中烘燥至恒重，再放入干燥皿中冷却，木质素的含量计算见式（5-4）。

$$W_3 = [G_3 - (1 - e) \times M] \times 100\%$$ (5-4)

式中：W_3 为木质素的含量百分比；G_3 为木质素纤维的干重克数（g）；M 为水系滤膜的干重克数（g）；e 为水系滤膜的质量损失率（8%）。

5.3.2　WPF 的结晶度测试

用 X 射线粉末衍射仪（Xpert-Pro MPD，Philips，Eindhoven，Holland）测定 WPF 的结晶度。扫描参数为：2θ 范围内样本扫描 5°~45°，扫描速度为 2°/min，扫描步进 0.1°。结晶度指数（CrI）采用 Segal 法进行计算，见式（5-5）。

$$\text{CrI} = \frac{I_{002} - I_{am}}{I_{002}} \times 100\%$$ (5-5)

式中：CrI 为相对结晶度的百分比，I_{002} 为 2θ 角大约在 22°时（002 晶格）时晶格衍射角的极大强度；I_{am} 为 2θ 角大约在 18°时非结晶背景衍射的散射强度。

5.3.3　WPF 的中空度测试

将 WPF 的中空结构模拟成椭圆形，采用椭圆模型结合 Image 软件，表征 WPF 的中空度。WPF 中空度的计算见式（5-6）。

$$\text{中空度} = \frac{S_{中腔面积}}{S_{外圆面积}} = \frac{\pi(d_1 - 2h)(d - 2h)}{\pi d d_1} \times 100\%$$ (5-6)

式中：d 为 WPF 的长径（mm）；d_1 为 WPF 的短径（mm）；h 为 WPF 的壁厚（mm）。

5.3.4　棕丝和 WPF 的形貌测试

将脱胶前后的 WPF 样品利用导电胶整齐贴于电镜台上，喷金 120s 后置于 S-4800 型扫描电镜（日立，日本）真空腔中，在 5kV 电压下采用二次电子成像采集，观察纤维表面形貌。

5.3.5 棕丝和 WPF 的红外光谱测试

将棕丝和 WPF 样品研磨成粉末，红外灯照射干燥后，与 KBr 压片后置于 Nicolet 5700 型红外光谱仪（Perki-Elmer；USA）中，在标准温湿度环境下，在 $4000 \sim 400 \mathrm{cm}^{-1}$ 范围内扫描，拟合后得到红外吸收光谱。

5.3.6 棕丝和 WPF 的拉曼光谱测试

使用 Leica EM UC7-FC7（220V，50/60 H），将棕丝和 WPF 样品切成 1μm 超薄切片，切片速度为 50mm/s，冷冻温度为 -100℃。切片后样品用双面胶带放在载玻片上，采用拉曼光谱仪（Labram Xplora，Horibajy，France）用线性偏振 532nm 激光激发功率 25mW 获得。

5.4 结果与讨论

5.4.1 WPF 的化学成分分析

不同化学成分的实物如图 5-1 所示，29 组 WPF 的实物如图 5-2 所示，29 组 WPF 化学成分检测结果如图 5-3 所示。具体的化学成分计算结果见表 5-2。

（a）棕丝　　（b）棕纤维素　　（c）纤维素　　（d）木质素

图 5-1　化学成分的实物图

图 5-2　29 组 WPF 样品实物图（编号对应表 5-2）

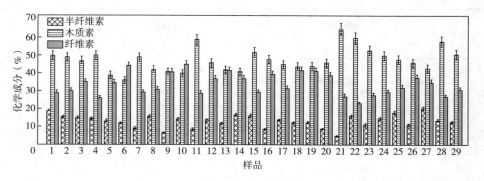

图 5-3　29 组样品的化学成分数据图（x 轴数据对应表 5-2）

表 5-2　WPF 的化学成分与结晶度

样品	半纤维素（%）	木质素（%）	纤维素（%）	结晶度（%）
1	18.59	50.0	29.08	52.86
2	15.53	49.0	30.14	57.61
3	15.00	47.0	35.00	58.31
4	14.52	50.0	26.22	55.03
5	13.25	39.0	34.55	55.71
6	11.76	36.0	44.24	55.00
7	9.20	49.0	29.13	55.56
8	15.87	42.0	30.80	57.49
9	6.63	41.0	40.71	53.56
10	14.24	40.0	45.09	56.56
11	8.65	59.0	28.71	54.35
12	13.61	46.0	37.16	50.67
13	11.73	42.0	41.60	57.06
14	16.64	41.0	37.03	52.98
15	16.21	52.0	29.39	53.18
16	8.50	48.0	39.50	57.88
17	13.76	45.0	31.39	54.17
18	12.25	44.0	41.75	52.05
19	12.50	44.0	41.29	52.76
20	8.64	46.0	38.88	52.80

续表

样品	半纤维素（%）	木质素（%）	纤维素（%）	结晶度（%）
21	4.80	65.0	27.20	52.06
22	16.03	60.0	22.97	54.96
23	11.27	53.0	27.73	54.54
24	14.52	50.0	29.48	54.19
25	18.00	48.0	32.00	53.67
26	11.13	46.0	37.63	54.32
27	20.47	43.0	34.86	54.42
28	13.71	58.0	26.62	43.75
29	12.57	51.0	30.77	54.63

图 5-1 中棕丝颜色为棕色，纤维粗硬；棕纤维素经过碱氧处理后颜色变白，纤维细软，说明纤维中果胶和木质素的含量减少；纤维素纤维颜色泛白，纤维已经不是单纤维状态，纤维之间由于氢键的作用发生了团聚，状态类似于纸；木质素经过了硫酸的碳化作用，颜色变黑，纤维之间粘连在一起。图 5-2 为 29 组 WPF 的颜色，变白的程度明显不同。图 5-3 中的误差棒表示三种化学成分的标准偏差大小，半纤维素含量百分比的误差棒最小，说明半纤维素含量百分比的波动小，纤维素含量百分比的误差棒居中，说明纤维素含量百分比的波动适中，木质素含量百分比的误差棒最大，说明木质素含量百分比的波动大。

5.4.2　WPF 的 X 射线衍射分析

通过 X 射线衍射（XRD）研究了棕丝和 WPF 的结晶性能。纤维素是一种半晶态聚合物，已知其分子结构中同时具有结晶区和非晶区。如图 5-4 所示，获得了所有具有非晶态宽峰和晶态峰的典型半晶体图形的 X 射线衍射图。所有的样品具有衍射峰值集中在近似 14°和 16°（对应于 101、10Ī 晶面的衍射峰），衍射峰近似 22°（对应于 002 晶面的衍射峰），衍射峰近似 34°（对应于 040 晶面的衍射峰），这说明棕丝和 WPF 具有纤维素 I 特点。结晶度指数（CrI）通常用来解释纤维素中有序结构和晶体物质的相对数量，29 组 WPF 的结晶度计算结果见表 5-2。

5.4.3　WPF 的灰色模型建立

在 WPF 化学成分与结晶度的 GM（1,4）灰色模型建立过程中，设置纤维的结晶度为 X_0，半纤维素含量为 X_1，木质素含量为 X_2，纤维素含量为 X_3。

5.4.3.1　数据初始化处理

在建立灰色模型时，要对数据进行初始化处理，以减少数据的离散型。依据式

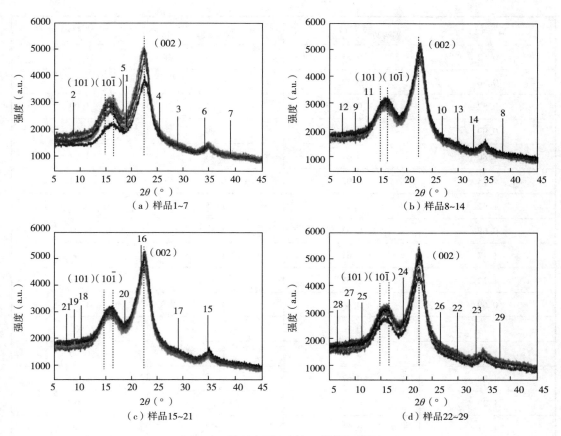

图 5-4 棕丝与 WPF 的 X 射线衍射图

（5-7）对样品进行初始化处理。

$$X_i^{(0)}(k) = X_i(k)/X_i(1) \qquad (5-7)$$

式中：$X_i^{(0)}(k)$ 为初始化处理数据；i 为几个不同的作用因素（$i = 0, 1, 2, 3$）；k 为行数。

初始化处理后的数据见表 5-3。

表 5-3 初始化处理后的数据

$X_1^{(0)}(k)$	$X_2^{(0)}(k)$	$X_3^{(0)}(k)$	$X_0^{(0)}(k)$
1.00	1.00	1.00	1.00
0.48	0.90	1.21	1.09
0.34	0.74	1.42	1.10
0.52	0.59	0.90	1.04
0.59	0.49	1.02	1.05

续表

$X_1^{(0)}(k)$	$X_2^{(0)}(k)$	$X_3^{(0)}(k)$	$X_0^{(0)}(k)$
0.82	0.51	1.36	1.04
0.56	0.72	0.93	1.05
0.52	0.63	1.22	1.09
0.99	0.61	0.99	1.01
0.80	0.61	1.48	1.07
0.75	1.02	0.87	1.03
1.42	0.76	1.15	0.96
0.69	0.63	1.34	1.08
1.12	0.61	1.13	1.00
1.12	0.85	1.12	1.01
0.69	0.49	1.88	1.09
0.74	0.70	0.77	1.02
1.38	0.67	1.23	0.90
1.20	0.67	1.11	1.00
1.20	0.72	1.20	1.00
1.27	0.91	1.17	0.90
0.94	1.04	1.54	1.04
0.85	0.86	1.26	1.03
1.28	0.65	1.35	1.03
1.18	0.76	1.19	0.93
1.14	0.72	1.21	1.03
1.04	0.65	1.26	1.03
1.64	0.82	1.65	0.83
1.12	0.65	1.65	1.03

5.4.3.2 累加生成数列及 X_0 的均值生成数列

将各列的数据一次累加，得到累加生成数列。依据式（5-10）累加生成 8 数列。

$$X_i^1(k) = \sum_{i=1}^{k} X_i^0(k) \tag{5-8}$$

式中：$X_i^1(k)$ 为一次累加生成数列；i 为几个不同的作用因素（$i=0,1,2,3$）；k 为行数。

累加完成后，根据式（5-9）求得 $X_0^{(1)}(k)$ 的均值生成数列 $Z_1(k)$。

$$Z_1(k) = 0.5X_0^1(k+1) + 0.5X_0^{(1)}(k) \tag{5-9}$$

式中：$Z_1(k)$ 为 $X_0^{(1)}(k)$ 的均值生成数列；k 为行数。

累加生成数列及 $X_0^{(1)}(k)$ 的均值生成数列 $Z_1(k)$ 见表5-4。

表 5-4　累加生成数列及均值生成数列

$X_1^{(1)}(k)$	$X_2^{(1)}(k)$	$X_3^{(1)}(k)$	$X_0^{(1)}(k)$	$Z_1(k)$
1	1	1	1	—
1.48	1.9	2.21	2.09	1.55
1.82	2.64	3.63	3.19	2.64
2.34	3.23	4.53	4.23	3.71
2.93	3.72	5.55	5.28	4.76
3.75	4.23	6.91	6.32	5.80
4.31	4.95	7.84	7.37	6.85
4.83	5.58	9.06	8.46	7.92
5.82	6.19	10.05	9.47	8.97
6.62	6.8	11.53	10.54	10.01
7.37	7.82	12.4	11.57	11.06
8.79	8.58	13.55	12.53	12.05
9.48	9.21	14.89	13.61	13.07
10.6	9.82	16.02	14.61	14.11
11.72	10.67	17.14	15.62	15.12
12.41	11.16	19.02	16.71	16.17
13.15	11.86	19.79	17.73	17.22
14.53	12.53	21.02	18.63	18.18
15.73	13.2	22.13	19.63	19.13
16.93	13.92	23.33	20.63	20.13
18.2	14.83	24.5	21.53	21.08
19.14	15.87	26.04	22.57	22.05
19.99	16.73	27.3	23.6	23.09
21.27	17.38	28.65	24.63	24.12

$X_1^{(1)}$ (k)	$X_2^{(1)}$ (k)	$X_3^{(1)}$ (k)	$X_0^{(1)}$ (k)	Z_1 (k)
22.45	18.14	29.84	25.56	25.10
23.59	18.86	31.1	26.59	26.08
24.63	19.51	32.36	27.62	27.11
26.27	20.33	34.01	28.45	28.04
27.39	20.98	35.66	29.48	28.97

根据表 5-4 的累加生成数列和 Z_1 (k) 得到矩阵 B 和 Y_N 见式（5-10）和式（5-11）。

$$B = \begin{vmatrix} Z_1(2) & X_1^1(2) & X_2^1(2) & X_3^1(2) & X_4^1(2) \\ Z_1(3) & X_1^1(3) & X_2^1(3) & X_3^1(3) & X_4^1(3) \\ \cdots & \cdots & \cdots & \cdots & \cdots \\ Z_1(k) & X_1^1(k) & X_2^1(k) & X_3^1(k) & X_4^1(k) \end{vmatrix} \tag{5-10}$$

$$Y_N = \begin{vmatrix} X_0^0(k) \end{vmatrix}^T \quad (k \geqslant 2) \tag{5-11}$$

要想建立 GM（1,4）模型，需求得它的发展系数和灰作用量。根据式（5-12）中的最小二乘算式：

$$\hat{a} = [a \quad b_1 \quad b_2 \quad b_3 \quad b_4]^T = [B^T B]^{-1} B_T Y_N \tag{5-12}$$

运用 Matlab 编程软件按照附录中的编程进行运算，得到如下结果：

$$ans = 0.8435$$
$$-2.3432$$
$$1.4912$$
$$1.8470$$

即可得出：

$$\hat{a} = \begin{vmatrix} a \\ b_1 \\ b_2 \\ b_3 \end{vmatrix} = \begin{vmatrix} 0.8435 \\ -2.3432 \\ 1.4912 \\ 1.8470 \end{vmatrix}$$

将求得该灰色模型的发展系数和灰作用量，代入式（5-1）中，可得 WPF 化学成分与结晶度的 GM（1,4）模型见式（5-12）。

$$X_0^0(k) = -0.3051 X_1^1(k) + 0.1806 X_2^1(k) + 0.7794 X_3^1(k) - 0.3699 Z_1(k) \tag{5-13}$$

由式（2-13）可得：半纤维素作用量为负值，说明它对 WPF 的结晶度是阻碍的作用；纤维素、木质素的灰作用量为正值，说明它对 WPF 的结晶度是促进的作用；且作用相关程度为木质素<半纤维素<纤维素。由此可得，WPF 的纤维素、木质素的含量越高，其结晶度越大，WPF 的半纤维素含量越高，其结晶度越小。

5.4.3.3　GM（1,4）灰色模型的误差分析

对 WPF 化学成分与细度 GM（1,4）模型进行误差分析，其算术平均误差 δ 见式（5-14）。

$$\delta=\frac{\sum\limits_{k=2}^{16}\left|X_0^0\ (k)'-X_0^0\ (k)\right|}{n} \tag{5-14}$$

式中：δ 为算术平均误差；$X_0^0\ (k)'$ 为通过式（2-14）计算得到的初始化数据；$X_0^0\ (k)$ 为原始初始化数据；n 样本个数，此处 $n=29$。

计算得到结晶度 GM（1,4）模型的算术平均误差，说明 WPF 的半纤维素、木质素、纤维素化学成分与结晶度间的灰色模型能够很好地通过 WPF 的化学成分预测纤维的结晶度，通过灰色模型的建立和分析可以得到以下信息，半纤维素含量对 WPF 的结晶是负相关的，纤维素、木质素的含量对 WPF 的细度是正相关的。即 WPF 的结晶度随着纤维素、木质素含量的升高而增大，随着半纤维素的降低而变小。

5.4.4　WPF 的中空度分析

WPF 的中空度形貌模拟效果如图 5-5 所示。

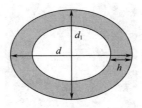

图 5-5　WPF 的中空度形貌模拟效果图

通过对式（5-8）和图 5-5 的分析得出，WPF 的中空度为 48%，这为 WPF 在保温材料领域的应用奠定了基础。

5.4.5　棕丝和 WPF 的形貌分析

棕丝和 WPF 的扫描电镜图如图 5-6 所示。WPF 表面覆盖着大量的硅石以及果胶、半纤维素和木质素，依靠不同组分在碱溶液中的溶解度不同，可以除去表面覆盖的果胶、半纤维素和木质素，同时使镶嵌在其中的硅石脱落 ［图 5-6（a）］，得到较纯净的纤维素纤维 ［图 5-6（d）］。从细胞构成来看，WPF 主要由纤维细胞、薄壁细胞、导管细胞等构成。这些细胞具有各自不同的功能，因而也具有不同的结构形态和排列组合方式。WPF 形状近似椭圆形，有厚壁纤维和薄壁纤维两种，它们聚集成束形成了纤维鞘围绕在导管周围，主要负责承受载荷，是 WPF 力学强度的主要来源，如图 5-6（b）和图 5-6（e）所示，大部分的纤维为厚壁纤维，细胞腔较小，细胞壁很厚 ［图 5-6（c）］，薄壁纤维的数量较少 ［图 5-6（e）］，相比厚壁纤维来说，它们的直径和细胞腔都很大，胞

壁厚度则相对小一些。WPF 细胞壁具有分层结构，并且比木纤维的分层结构更为明显，典型的多层结构多出现在纤维鞘外围靠近薄壁组织的部位，这类细胞通常直径较大，由数层厚度较大的亚层所构成，如图 5-6（f）所示。薄壁细胞负责储藏营养物质，有长细胞和短细胞之分，主要分布在维管束之间。图 5-6（f）为薄壁细胞的典型结构，它们具有很大的细胞腔，细胞壁相对较薄，大多为椭圆形或多边形，在细胞侧壁上有许多纹孔。薄壁细胞的细胞壁也具有分层结构，与竹纤维相比，它的壁层数量更多，但单层的厚度普遍比竹纤维的小，如图 5-6（f）所示，薄壁细胞的直径在纵向方向上没有变化，纵向壁和横向壁之间形成了独立的封闭空间，有利于营养物质的存储。

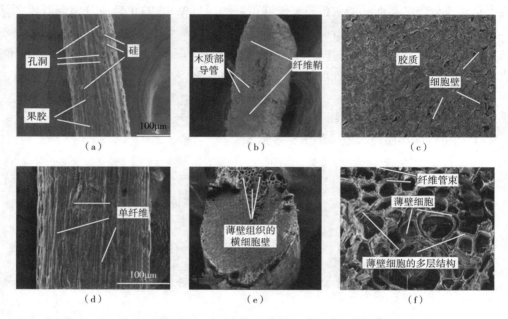

图 5-6　棕丝和 WPF 的 SEM 扫描电镜图
（a）～（c）棕丝形貌　　（d）～（f）WPF 形貌

5.4.6　棕丝和 WPF 的傅里叶变换红外光谱图分析

棕丝和 WPF 的傅里叶变换红外光谱如图 5-7 所示。利用 $500 \sim 4000 cm^{-1}$ 的红外光谱范围对棕丝和 WPF 进行傅里叶变换红外光谱分析，图 5-7 为棕丝和 WPF 的化学基团。在 $3100 \sim 3700 cm^{-1}$ 范围，由于在纤维素、半纤维素和木质素中存在羟基，所以在棕丝和 WPF 中均存在—OH 基团。图 5-7（b）中出现在 $2900 cm^{-1}$ 的特征峰值及图 5-7（a）和（b）中出现在 $1643 cm^{-1}$ 之间的特征峰值，反映了木质素和半纤维素中亚甲基的 C—H 和 C═C 双键的伸缩振动。$1370 \sim 1390 cm^{-1}$ 区域的特征峰归属于两种纤维中的碳水化合物纤维素 C—O—C 的不对称振动。图 5-6（a）和（b）中出现在 $1000 \sim 1100 cm^{-1}$ 附近的吸收峰归属纤维素葡萄糖中的三个 C—O 醚键的伸缩振动，无论是在棕丝还是 WPF 的红外光谱中均可以发现这些基团。图 5-7（a）在 800~1000cm^{-1} 的特征峰表示羰基（C=O），只存在于棕丝中的木质素和半纤维素中。图 5-7（b）在 1060cm^{-1} 附近的吸收峰强度高于图 5-7（a）主要是由于碱性过氧化物漂白后导致纤维素增加所致。

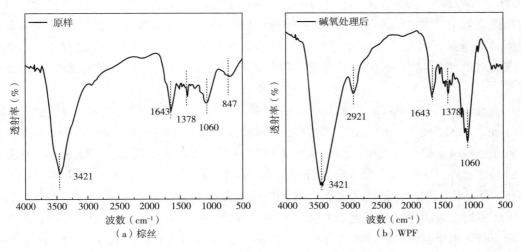

图 5-7 棕丝和 WPF 的傅里叶红外光谱图

5.4.7 棕丝和 WPF 的拉曼光谱分析

棕丝和 WPF 的拉曼光谱如图 5-8 所示。

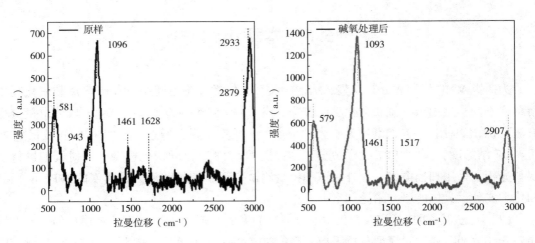

图 5-8 棕丝和 WPF 的拉曼光谱图

图 5-8 为典型的 WPF 拉曼光谱，分别采自原样（棕丝）和 WPF 细胞壁。从图中可以发现，WPF 细胞壁中比较明显的峰有 581cm^{-1}、943cm^{-1}、1096cm^{-1}、1461cm^{-1}、1628cm^{-1}、2879cm^{-1}、2907cm^{-1}、2933cm^{-1} 等，这些谱峰主要由细胞壁中三大主要物质，即纤维素、半纤维素和木质素中的分子基团振动产生。纤维素和半纤维素的拉曼信号

主要在 579cm^{-1}、581cm^{-1}、943cm^{-1}、2907cm^{-1} 和 2898cm^{-1}，最为显著的信号峰位置出现在 1094cm^{-1} 附近，来自纤维素分子链上 C—O—C 糖苷键的非对称伸缩振动，这一谱峰对纤维素分子链取向变化比较敏感，常用于研究细胞壁中纤维素微纤丝的取向，2907cm^{-1}、2898cm^{-1} 为纤维素分子链上 C—H 及—CH$_2$ 基团的伸缩振动所产生，半纤维素与纤维素的拉曼谱峰非常相似，但是半纤维素的拉曼信号较弱，峰宽较宽，常常被纤维素的拉曼信号所掩盖，因此无法将半纤维素与纤维素的拉曼信号区分开，由此看来，虽然半纤维素对纤维素特征峰有一定贡献，但是由于它的信号比较弱，对纤维素峰的影响不大。

根据 Agarwal 和 Palph（1997 年）的研究，木质素与纤维素的拉曼光谱区别明显，1461cm^{-1}、1517cm^{-1}、1628cm^{-1}、2933cm^{-1} 为木质素的主要特征峰，虽然细胞壁中酚酸类物质在这些峰位中也有贡献，但是相比木质素来说它们的含量较少，不能改变木质素分布的总体趋势，2933cm^{-1} 为木质素分子链上—OCH$_3$ 基团的伸缩振动所产生的，WPF 中具有苯环结构的物质主要是木质素和其他的一些酚类物质，由于木质素含量在植物细胞壁中所占的比值相比其他酚类物质要大得多，因此在众多研究中，常用这一峰值作为特征峰来研究木质素在细胞壁中的分布，1461cm^{-1} 是由木质素和纤维素中 HCH、HOC 弯曲振动产生，1517cm^{-1} 是由木质素苯环上的伸缩振动产生，1628cm^{-1} 为木质素松柏醛苯环 C＝C 共轭振动。其中，1461cm^{-1} 处的峰宽图 5-8（b）比图 5-7（a）处变宽了，这可能是纤维素的结晶性变强或者是半纤维素的增加引起的，说明脱胶后的 WPF 木质素含量有所下降。

5.5　本章小结

为研究 WPF 化学成分与聚集态结构的关系，依靠纤维不同组分在碱溶液和氧化剂中溶解度不同，运用碱—氧联合化学脱胶法，参考 GB 5889—1986《苎麻化学成分定量分析方法》测试 29 组 WPF 的纤维素、半纤维素、木质素含量，通过 X 射线衍射测试得到 29 组 WPF 结晶度，建立 WPF 化学成分与结晶度 GM（1,4）的灰色模型，并对模型进行了误差分析，采用扫描电镜、红外测试和拉曼测试表征了棕丝和最大结晶度的 WPF 的形貌和化学成分，具体的研究结论如下：

（1）建立碱氧脱胶后 WPF 化学成分与结晶度的 GM（1,4）模型，该模型的算术平均误差 $\delta=0.109$，通过对模型分析得出：半纤维素作用量为负值，说明它对 WPF 的结晶度是阻碍的作用；纤维素、木质素的灰作用量为正值，说明它对 WPF 的结晶度是促进的作用。由此可以得出 WPF 的半纤维素、木质素的含量越高，其结晶度越大；WPF 的纤维素的含量越高，其结晶度越小。

（2）WPF 表面覆盖着大量的硅石以及果胶、半纤维素和木质素，依靠不同组分在碱溶液中溶解度的不同，可以除去表面覆盖的果胶、半纤维素和木质素，同时使镶嵌在其中的硅石脱落。从横截面细胞构成来看，WPF 主要由纤维细胞、薄壁细胞、导管细胞等构成。WPF 形状近似椭圆形，有厚壁纤维和薄壁纤维两种，它们聚集成束形成纤维鞘，围绕在导管周围。

（3）红外光谱分析和拉曼光谱分析表明，棕丝是一种植物纤维，富含木质素，纤维素含量低。脱胶后，随着半纤维素含量和木质素含量降低，纤维素含量增加。化学成分含量的变化对晶体的变化有一定的影响。灰色模型在纤维结晶度的预测中具有一定的指导作用。

第6章 棕榈纳米纤维的制备、工艺优化及表征

6.1 引言

纳米纤维一般指在纳米范围内至少有一个维度的纤维素材料。纳米纤维素由于其优良的固有特性，如高比表面积、高纵横比、低密度、高机械强度、高结晶度、独特的形态、可再生性、生物可降解性和生物相容性等，而具有纳米材料和天然纤维素的独特优势，使纳米纤维素在生物医学、制药、功能复合材料等领域的潜在应用在21世纪受到广泛关注。棕榈树属于多用途流行树种，来自温暖、潮湿和多雨的地区。棕榈树生态友好，种植面积逐年增加。从棕榈树中提取的纤维密度低、可生物降解、含量丰富，是一种优良的绿色生物质纤维，可作为纳米纤维的优良原料。

响应面法（RSM）最早是数学家Box和Wilson在1951年提出的，综合了实验设计和数学模型。通过实际的数据拟合出回归方程，回归方程能够通过坐标图的方式表现出来，以此来预测不同条件对响应值的影响，同时通过分析回归方程可以找到最优工艺参数。中心复合设计（CCD）是RSM中常用的设计方法之一，可以弥补正交优化的不足，具有试验组合少，得到的回归方程精度高，具有研究多种因素相互作用的能力，是优化反应条件和工艺参数的有效方法。

本章的研究思路是"制备条件较低，环境影响较小，纳米纤维产率较高"。在深入分析过硫酸铵氧化法反应机制基础上，利用Design Expert 8.0.6软件采用Box—Wilson CCD（central composite design）实验程序对过硫酸铵氧化法制备棕榈纳米纤维（ammonium persulfate oxidation windmill palm nanofibril，AP-WPNF）的制备工艺进行RSM（response surface methodology）设计，通过对响应值AP-WPNF的产率优化，得出最佳AP-WPNF工艺条件。采用扫描电镜（scanning electron microscope，SEM）、原子力显微镜（atomic force microscope，AFM）、透射电镜（TEM）结合Image软件对纳米纤维的形态、大小和分布进行研究。利用傅里叶红外光谱（fourier infrared spectrum，FTIR）分析纳米纤维化学结构，利用X射线衍射（X-Ray diffraction，XRD）分析纳米纤维晶体结构，并与硫酸降解法制备的棕榈纳米纤维（sulfuric acid degraded windmill palm nanofibril，SA-WPNF）、碱—尿素低温法制备的棕榈纳米纤维（alkali-urea windmill palm nanofibril with low temperature，AU-WPNF）进行对比研究。

6.2　棕榈纳米纤维的制备

6.2.1　实验材料

第5章制备的具备最大结晶度的 WPF（湖北恩施）；过硫酸铵 [$(NH_4)_2S_2O_8$]［分析纯，阿拉丁试剂（上海）有限公司］；过氧化氢（ H_2O_2 ）（分析纯，上海凌峰化学试剂有限公司）；氢氧化钠（NaOH）（分析纯，江苏强盛功能化学股份有限公司）；乙醇（ C_2H_5OH ）［分析纯，阿拉丁试剂（上海）有限公司］，所有化学试剂均为分析级，未经进一步纯化即可使用。

6.2.2　实验仪器

实验仪器见表6-1。

表6-1　实验仪器

实验仪器	生产厂家
HD500 水浴振荡器	南通宏大实验仪器有限公司
DF-101S 集热式恒温磁力搅拌器	郑州宝晶电子科技有限公司
JY98-ⅢN 超声波破碎机	中国宁波新生物科技有限公司
YB-FD-1 真空冻干机	上海亿倍实业有限公司
TG16G 高速离心机	凯特实验仪器有限公司

6.2.3　过硫酸铵氧化法棕榈纳米纤维的制备

过硫酸盐氧化法是一种新颖的制备纳米纤维素的方法，易溶于水，在加热的情况下，过硫酸盐在水溶液中发生水解反应，形成过氧化氢（ H_2O_2 ）和硫酸根自由基（ SO_4^{2-} ），它们具有较强的氧化能力，能够氧化降解纤维素中的无定形区，将葡萄糖单元 C_6 处的羟基氧化为—COOH 基团，导致—H 基团排列较为松散，释放出结晶区。过硫酸盐将有机物氧化成水和二氧化碳，因此过程废水的主要成分为硫酸盐，绿色环保。过硫酸铵氧化法制备 AP-WPNF 的反应过程如图6-1所示。

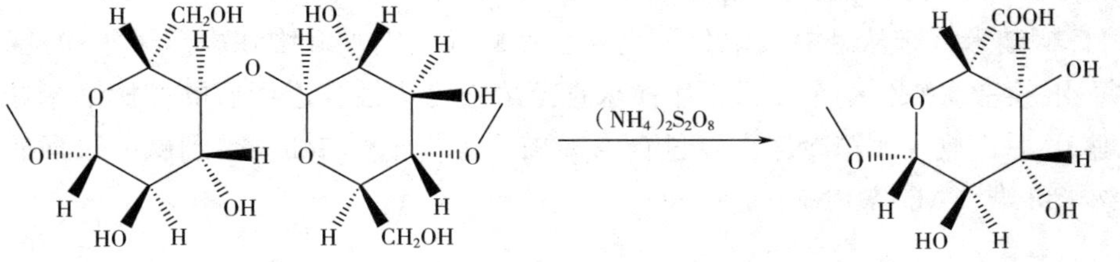

图6-1　过硫酸铵氧化法制备 AP-WPNF 的反应过程

　　具体的制备过程为：将一定质量的 WPF 放置在预先配制好的过硫酸铵溶液中，在加热条件下，放置在 HD 500 水浴振荡器中振荡一定时间，将氧化后的溶液加入 400mL 去离子水稀释，5min 后终止反应。静止放置 3h 后，利用离心机离心处理 4～5 次，每次离心后将上清液倒掉。将从悬浮液中分离出来的棕榈纳米纤维用去离子水进行稀释，将稀释后的棕榈纳米纤维放入透析袋中，在去离子水中进行透析，前 3 个小时每小时换一次去离子水，直到 pH 为中性。透析后的棕榈纳米纤维进行超声处理 3h 后，放入冰箱冷冻，经过真空冷冻干燥机干燥 24h，得到过硫酸铵氧化法棕榈纳米纤维（AP-WPNF）。AP-WPNF 制备流程如图 6-2 所示，得率的计算见式（6-1）。

$$Y = \frac{W_1}{W_0} \times 100\% \tag{6-1}$$

　　式中：Y 为 AP-WPNF 的得率（%）；W_0 为 WPF 的质量（g）；W_1 为 AP-WPNF 的质量（g）。

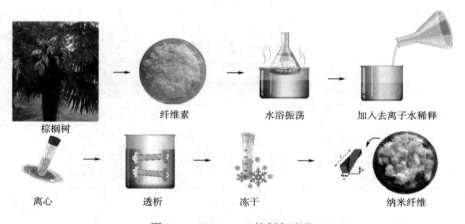

图 6-2　AP-WPNF 的制备流程

6.2.4　碱—尿素低温溶解法棕榈纳米纤维的制备

　　在 100mL 去离子水中加入质量分数分别为 7%碱（NaOH）和 12%尿素（urea），预冷至 -12℃（6h），取出溶液后加入 1g WPF，加入转子后用封口膜封好，在磁力搅拌器（冰水混合浴）中反应 10min；将反应后的棕榈纳米纤维悬混液倒入 500mL 的烧杯中，加入 100mL 去离子水以终止其反应；静置 2h，然后利用离心机（10min，9000r/min）离心 4～5 次，将棕榈纳米纤维从悬混液中分离出来，然后棕榈纳米纤维在去离子水中透析 3 天，第 1 天每 4h 换一次水，剩余 2 天不用换水直至溶液为中性；透析后的棕榈纳米纤维进行超声处理 3h 后，放入冰箱冷冻，经过真空冷冻干燥机干燥 24h，得到碱—尿素低温溶解法棕榈纳米纤维（AU-WPNF）。

6.2.5　硫酸水解法棕榈纳米纤维的制备

将 0.5g 的 WPF 放入 50mL 的质量分数 64%的浓硫酸溶液烧杯进行混合，加入转子后用封口膜封好，在磁力搅拌器（常温，300r/min）中反应 1h；将反应后的 WPNF 悬混液倒入 500mL 的烧杯中，加入 100mL 去离子水以终止其反应；静置 2h，然后利用离心机（10min，9000r/min）离心 4~5 次，将 WPNF 从悬混液中分离出来，然后 WPNF 在去离子水中透析 3 天，第 1 天每 4h 换一次水，剩余 2 天不用换水直至溶液为中性；透析后纳米纤维进行超声处理 3h 后，放入冰箱冷冻，经过真空冷冻干燥机干燥 24h，得到硫酸水解法棕榈纳米纤维（SA-WPNF）。

6.3　响应面法实验设计

6.3.1　AP-WPNF 制备的单因素试验

按表 6-2 工艺条件制备 AP-WPNF，选择某一因素进行试验时，其他因素均选取水平 4 的相应参数，参照文献实验因素选择反应时间，过硫酸铵溶液浓度，温度，纤维质量，见表 6-2。以 AP-WPNF 得率（$Y\%$）为指标进行试验分析。

表 6-2　单因素试验因素水平表

水平	时间（h）	溶液浓度（mol/g）	温度（℃）	纤维质量（g）
1	13	0.5	40	0.5
2	14	1	50	1
3	15	1.5	60	1.5
4	16	2	70	2
5	17	2.5	80	2.5
6	18	3	90	3
7	19	3.5	100	3.5

6.3.2　AP-WPNF 的 CCD 实验设计

响应面法是在一系列试验的基础上将体系的响应与一个或多个因素之间的关系利用函数来表达，拟合一个响应面来模拟真实状态，以直观地反映出不同因素对体系的影响，中心复合设计（CCD）是其中一种常用的设计方法，可以通过最少的实验来拟合响应面模型。在本工作中，利用 Design Expert 8.0.6 提供的 CCD 实验方案，对纳米纤维素的制备进行优化。实验的因素共有 4 个，分别为（A）反应时间；（B）过硫酸铵溶液浓度；

（C）温度；（D）纤维质量。每个因素的水平设置为 5，实验设计的因素及水平见表 6-3。

表 6-3　实验设计因素水平表

因子	水平数值				
	-2	-1	0	1	2
（A）时间（h）	14	15	16	17	18
（B）溶液浓度（mol/g）	1.0	1.5	2.0	2.5	3.0
（C）温度（℃）	50	60	70	80	90
（D）纤维质量（g）	1	1.5	2	2.5	3

6.4　棕榈纳米纤维的表征

采用 S-4800 型场发射扫描电子显微镜，取 5μL 超声分散后的 AP-WPNF、SA-WPNF、AU-WPNF（1%，质量分数，后同）滴于硅片上干燥，固定，喷金，加速电压为 10kV，图像采用二次电子成像采集，对 AP-WPNF、SA-WPNF、AU-WPNF 形貌和粒径分布进行表征。采用美国 FEI 公司的 TECNAI G2 F20 场发射透射电子显微镜，用移液枪吸取少量 AP-WPNF、SA-WPNF、AU-WPNF（1%）滴在铜网上，负染后干燥，加速电压 200kV，观察 AP-WPNF、SA-WPNF、AU-WPNF 的微观形貌和粒径分布情况。采用美国 DI 公司 Dimension Icon 原子力显微镜，分别制成浓度为 0.01% 的 AP-WPNF、SA-WPNF、AU-WPNF 水溶液，超声分散 30min 后，滴加到干净的云母片上，置于干燥皿中干燥后，成像模式为轻敲模式，扫描速率为 1.0Hz，针尖为 DI 公司配备的 tapping mode 的针尖（硅针尖）。对 AP-WPNF、SA-WPNF、AU-WPNF 微观形貌和粒径分布情况进行表面分析。采用电导率滴定法测定 AP-WPNF 的氧化度，称取 0.1g 的 AP-WPNF，加入 0.01mol/L 的 50mL 的盐酸溶液中，超声分散 20min。用 0.01mol/L 的 NaOH 溶液进行滴定，用电导率仪测定 AP-WPNF 溶液的电导率变化。AP-WPNF 氧化度的计算见式（6-2）。采用 Nicolet 5700 型红外光谱仪（Perki-Elmer；USA），分别将 AP-WPNF、SA-WPNF、AU-WPNF 样品研磨成粉末，红外灯照射干燥，与 KBr 压片后置于中，在标准温湿度环境下，在 4000~400cm^{-1} 范围内扫描，拟合后得到红外吸收光谱。用 X 射线粉末衍射仪（Xpert-Pro MPD，Philips，Eindhoven，Holland）测定 AP-WPNF、SA-WPNF、AU-WPNF 的结晶度，扫描参数为：2θ 范围内样本扫描 5°~45°，扫描速度为 2°/min，扫描步长 0.1°。AP-WPNF、SA-WPNF、AU-WPNF 的结晶度以结晶度指数（crystallinity index，CrI）来衡量，通过结晶部分占试样整体的百分比来计算，采用 Segal 法计算纤维的结晶度如式（6-3）进行计算。采用 Zeta-sizer Nano ZS（Malvern，英国），取 AP-WPNF、SA-WPNF、AU-WPNF（1%）溶液，超声分散后测试电位。

$$Du = \frac{162\ (V_2 - V_1)\ C}{W - 36\ (V_2 - V_1)\ C} \tag{6-2}$$

式中：$(V_2 - V_1)$ 为 AP-WPNF 中羧基消耗的 NaOH 体积（mL）；C 为 NaOH 浓度（mol/L）；W 为 AP-WPNF 的质量（mg）；162 为脱水葡萄糖单元的相对分子质量（g/mol）；36 为葡糖酸钠与脱水葡萄糖相对分子质量的差值（g/mol）。

$$CrI = \frac{I_{002} - I_{am}}{I_{002}} \times 100\% \tag{6-3}$$

式中：CrI 为相对结晶度的百分比（%）；I_{002} 为 2θ 角大约在 22°（002 晶格）时晶格衍射角的极大强度；I_{am} 为 2θ 角大约在 18°时非结晶背景衍射的散射强度。

6.5　结果与讨论

6.5.1　AP-WPNF 的单因素试验结果与分析

6.5.1.1　氧化时间对 AP-WPNF 得率的影响

氧化时间对 AP-WPNF 得率的影响试验结果如图 6-3 所示。由结果可知，AP-随着氧化时间的增加，WPNF 的得率先增大后减小，当氧化时间为 16h 时，AP-WPNF 的得率达到最大值 29.36%。原因是氧化时间较短，纤维素与过硫酸铵接触不充分，氧化反应不完全，而随着氧化时间的延长，部分得到的 AP-WPNF 进一步发生氧化反应，过氧化氢和硫酸根自由基分子量小，纤维素分子中的还原性基团氧化，破坏分子内和分子间的氢键，无定形区被破坏，纤维素纵向劈裂。结晶区中的纤维素由于排列有序、紧密、分子间距较小且密度大，过氧化氢和氧原子不容易进入发生氧化，所以结晶区被保留下来。通过分析得出，选择氧化时间 16h 比较适合。

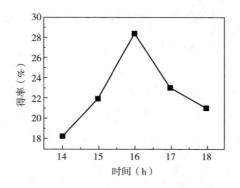

图 6-3　氧化时间对 AP-WPNF 得率的影响

6.5.1.2 过硫酸铵溶液浓度对 AP-WPNF 得率的影响

过硫酸铵溶液浓度对 AP-WPNF 得率的影响如图 6-4 所示。

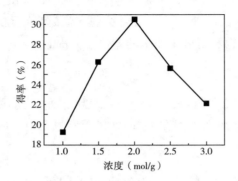

图 6-4 过硫酸铵溶液浓度对 AP-WPNF 得率的影响

由结果可知，AP-WPNF 的得率随着过硫酸铵溶液浓度的增大呈先增大后减小的趋势，当过硫酸铵溶液浓度为 2mol/g 时，AP-WPNF 得率达到最大值 28.45%。这是因为纤维素在过硫酸铵溶液中发生氧化反应的同时伴有溶胀反应，当过硫酸铵溶液较低时，由于纤维素溶胀率较低，使氧化反应不够充分，造成氧化后的部分粒子尺寸较大，因此 AP-WPNF 得率较少。当过硫酸铵溶液浓度增大到 2mol/g 时，纤维素的溶胀率较好，氧化反应充分，因此 AP-WPNF 得率达到最大值。当过硫酸铵溶液浓度继续增大时，由于纤维素在过硫酸铵溶液中过度氧化生成了葡萄糖，因此 AP-WPNF 得率降低，当过硫酸铵溶液浓度达到 3.5mol/g 时，纤维素氧化严重。综上，选取过硫酸铵溶液浓度为 2mol/g 较为合适。

6.5.1.3 氧化温度对 AP-WPNF 得率的影响

氧化温度对 AP-WPNF 得率的影响如图 6-5 所示。由结果可知，AP-WPNF 的得率随着氧化温度的升高而呈先增大后减小趋势，当氧化温度为 40℃时，AP-WPNF 得率达到最大值 29.45%。这是因为温度较低时，水解反应不充分，使 AP-WPNF 得率较低，随着

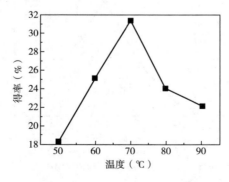

图 6-5 氧化温度对 AP-WPNF 得率的影响

温度升高,当温度达到70℃时,氧化反应较充分,以促进纤维素分子的糖苷键发生断裂,使其聚合度下降,释放更多的纤维素单晶,但是温度过高时,使纤维素分子过度发生氧化反应生成葡萄糖,甚至会有纤维素分子被氧化情况出现,因此 AP-WPNF 得率下降。所以氧化温度 70℃ 比较合适。

6.5.1.4 纤维质量对 AP-WPNF 得率的影响

纤维质量对 AP-WPNF 得率的影响如图 6-6 所示,由结果可知,AP-WPNF 的得率随着纤维质量的增加而增大,当纤维质量为 2g 时,AP-WPNF 得率达到最大值 28.6%,当纤维质量继续增加时,AP-WPNF 得率则随之下降。这是因为溶液中纤维较多,而过硫酸铵溶液相对较少,纤维素与过硫酸铵发生氧化反应的作用点较少,从而使氧化反应不够充分,AP-WPNF 得率较低。当纤维较少时,由于过硫酸铵溶液相对较多,加快氧化反应速度,使纤维素过度氧化成葡萄糖,因此,AP-WPNF 得率较低。综上,选择纤维质量为 2g 时较为适合。

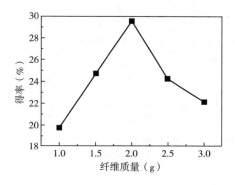

图 6-6 纤维质量对 AP-WPNF 得率的影响

6.5.2 AP-WPNF 的 CCD 模型建立与分析

根据以上单因素试验结果,利用 Design Expert 8.0.6 软件,采用 CCD 响应面法设计 4 因素 5 水平试验共 30 个试验见表 6-4,其中析因部分试验次数为 16,立方点为 16,轴向点为 8,中心点重复次数(星点数)为 6,AP-WPNF 的得率为响应值(指标值),试验结果见表 6-4。

表 6-4 响应面法 CCD 试验设计及试验数据

试验编号	A	B	C	D	时间 (h)	溶液浓度 (mol/g)	温度 (℃)	纤维质量 (g)	得率 (%)	预测得率 (%)
1	−1	−1	−1	−1	15	1.5	60	1.5	27.18	27.45
2	1	−1	−1	−1	17	1.5	60	1.5	27.01	27.08

续表

试验编号	A	B	C	D	时间（h）	溶液浓度（mol/g）	温度（℃）	纤维质量（g）	得率（%）	预测得率（%）
3	−1	1	−1	−1	15	2.5	60	1.5	25.05	25.02
4	1	1	−1	−1	17	2.5	60	1.5	29.94	29.45
5	−1	−1	1	−1	15	1.5	80	1.5	25.15	24.94
6	1	−1	1	−1	17	1.5	80	1.5	21.31	21.03
7	−1	1	1	−1	15	2.5	80	1.5	23.77	23.54
8	1	1	1	−1	17	2.5	80	1.5	24.2	24.43
9	−1	−1	−1	1	15	1.5	60	2.5	29.01	28.86
10	1	−1	−1	1	17	1.5	60	2.5	31.09	30.69
11	−1	1	−1	1	15	2.5	60	2.5	22.07	21.72
12	1	1	−1	1	17	2.5	60	2.5	28.07	28.36
13	−1	−1	1	1	15	1.5	80	2.5	22.57	22.44
14	1	−1	1	1	17	1.5	80	2.5	20.63	20.74
15	−1	1	1	1	15	2.5	80	2.5	16.35	16.35
16	1	1	1	1	17	2.5	80	2.5	20.34	19.44
17	−2	0	0	0	14	2	70	2	23.56	23.70
18	2	0	0	0	18	2	70	2	26.02	26.43
19	0	−2	0	0	16	1	70	2	27.47	27.56
20	0	2	0	0	16	3	70	2	23.36	23.83
21	0	0	−2	0	16	2	50	2	26.72	26.84
22	0	0	2	0	16	2	90	2	14.98	15.41
23	0	0	0	−2	16	2	70	1	27.73	27.79
24	0	0	0	2	16	2	70	3	23.71	24.20
25	0	0	0	0	16	2	70	2	35.18	35.59
26	0	0	0	0	16	2	70	2	35.65	35.59
27	0	0	0	0	16	2	70	2	35.82	35.59
28	0	0	0	0	16	2	70	2	35.64	35.59
29	0	0	0	0	16	2	70	2	35.84	35.59
30	0	0	0	0	16	2	70	2	35.38	35.59

6.5.2.1 模型的建立及检验

利用 Design Expert 8.0.6 软件将表3-4中的试验数据进行多元回归拟合，得到回归模型见式（6-4）。

$$Y = 35.59 + 0.68 \times A - 0.93 \times B - 2.86 \times C - 0.90 \times D + 1.20 \times A \times B - 0.88 \times A \times C + 0.55 \times A \times D + 0.26 \times B \times C - 1.17 \times B \times D - 0.98 \times C \times D - 2.63 \times A^2 - 2.47 \times B^2 - 3.61 \times C^2 - 2.40 \times D^2 \tag{6-4}$$

对回归模型进行 R^2 分析，方差分析及显著性检验，见表6-5和表6-6，通过分析表6-5可知，回归模型的 $p<0.0001$，表明模型差异极显著，通过分析表6-6可知，试验模型的相关系数 $R^2 = 0.9982$，校正相关系数 $R^2_{Adj} = 0.9924$，说明该模型能够解释99.24%响应值的变化，因此该模型与实际试验拟合程度良好，试验误差小，能够很好地对响应值 NF 得率进行分析和预测。F 失拟项用来检测回归模型与实际试验值拟合程度的好坏，失拟项 $F = 3.947372$，对应的 $p = 0.0714 > 0.05$，失拟项不显著，表明由反应时间，过硫酸铵溶液浓度，温度以及纤维质量组成的拟合模型能够对棕榈纳米纤维素的得率进行预测和分析，可以排除其他因素的影响。

表6-5 响应面二次模型的方差分析及显著性

来源	平方和	均方值	F 值	p 值 Prob>F	显著性
模型	949.6373	67.8312	342.9467	< 0.0001	***
A（时间）	11.1657	11.1657	56.4525	< 0.0001	***
B（过硫酸铵溶液浓度）	20.8507	20.8507	105.4187	< 0.0001	***
C（温度）	195.9102	195.9102	990.4988	< 0.0001	***
D（纤维质量）	19.3142	19.3142	97.6503	< 0.0001	***
AB	23.0160	23.0160	116.3662	< 0.0001	***
AC	12.5139	12.5139	63.2688	< 0.0001	***
AD	4.8510	4.8510	24.5261	0.0002	**
BC	1.0868	1.0868	5.4948	0.0333	*
BD	22.0665	22.0665	111.5656	< 0.0001	***
CD	15.2295	15.2295	76.9986	< 0.0001	***
A^2	189.6456	189.6456	958.8254	< 0.0001	***
B^2	167.7768	167.7768	848.2596	< 0.0001	***
C^2	358.3395	358.3395	1811.7220	< 0.0001	***
D^2	157.5911	157.5911	796.7620	< 0.0001	***
剩余误差	2.9669	0.1978			

续表

来源	平方和	均方值	F 值	p 值 Prob$>F$	显著性
失拟性	2.6333	0.2633	3.9473	0.0714	
纯误差	0.3336	0.0667			
总计	952.6041				

注　*** 指极其显著的差异（$p<0.0001$），** 指高度显著的差异（$p<0.001$），* 指显著的差异（$p<0.05$）。

表 6-6　模型汇总统计

来源	标准偏差	R^2	校正 R^2	预测 R^2
线性	5.3117	0.2595	0.1411	0.0884
2FI	5.7427	0.3422	-0.0040	-0.0785
平方	0.4447	0.9968	0.9940	0.9836
立方	0.4987	0.9981	0.9924	0.7867

6.5.2.2　响应面回归方程分析

通过表 6-5 方差分析的 F 值结果显示，单因素以及因素间的交互作用对响应值均存在影响；A、B、C、D、AB、AC、BD、CD、A^2、B^2、C^2、D^2 显著，单因素的影响大于因素间交互作用的影响；四种因素对响应值（得率）的影响依次为：C（温度）$>B$（过硫酸铵溶液浓度）$>D$（纤维质量）$>A$（时间），符合单因素实验。同时，四种因素的交互作用对响应值的影响顺序依次为：$A\times B$（时间×过硫酸铵溶液浓度）$>B\times D$（过硫酸铵溶液浓度×纤维质量）$>C\times D$（温度×纤维质量）$>A\times C$（时间×温度）。

根据方差分析和回归方程系数显著性检验结果，将差异不显著因子剔除后的实际因素值响应模型回归方程为见式（6-5）。

$$Y=-02.05156+84.01604\times A+5.07375\times B+6.47556\times C+41.99125\times D+2.39875\times A\times B-0.088437\times A\times C+1.10125\times A\times D-0.19513\times C\times D-2.62948\times A^2-9.89292\times B^2-0.036145\times C^2-9.58792\times D^2 \quad (6-5)$$

6.5.2.3　响应面交互作用分析

RSM 方法的图形是特定的响应面（Y）与对应的因素 A、B、C、D 构成的一个三维空间在二维平面上的等高图，每个响应面对其中两个因素进行分析，另外两个因素固定在零水平。根据回归方程预测各因素对纳米纤维素得率的影响情况，作出响应值纤维素得率与时间，浓度，温度，纤维质量构成的响应曲面 3D 图和等高线图，图的颜色变化表示得率从少到多的变化，变化得越快表示坡度越大，即对得率的影响更为显著，响应面等高线图可以直观地反映各因素对得率的影响，以便找到最佳工艺参数以及各参数之间的相互作用，等高线中的最小椭圆的中心点即是响应面的最高点，等高线的形状可反映出交互作用的强弱，椭圆形表示两因素交互作用显著，在那条线上所有的得率方案都会制得相同的得率。

模型交互项 AB、BD、CD、AC 极显著，AD 高度显著，BC 影响显著，即时间与浓度、浓度与纤维质量、时间与纤维质量、温度与纤维质量均存在交互作用，表明各因素对棕榈纳米纤维素得率的影响不是简单的线性关系。

（1）时间与浓度的交互作用。在温度为 70℃，纤维质量为 2g 时，时间和过硫酸铵溶液浓度的响应面及等高线如图 6-7 所示。由图 6-7（a）可以看出，过硫酸铵溶液浓度在 1.0~3.0mol/g、时间在 14~18h 时，得率的变化趋势是先增加后减少，过硫酸铵溶液浓度对得率的影响表现为曲面较陡，时间对得率的影响表现为曲面稍显平缓，说明过硫酸铵溶液浓度对得率的影响大于时间对得率的影响。由图 6-7（b）可以看出，时间与过硫酸铵溶液浓度的相互作用较为显著，表现为等高线呈现出明显椭圆形，过硫酸铵溶液浓度的改变会显著影响时间，反过来也是如此，过硫酸铵溶液浓度和时间对得率的影响存在明显的二次关系。

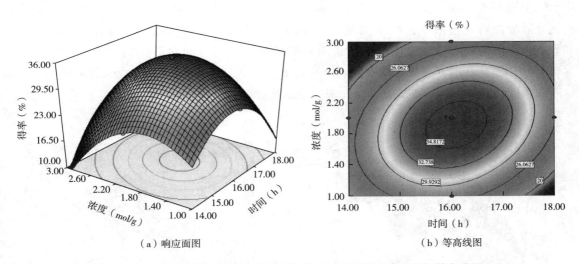

图 6-7　时间和过硫酸铵溶液浓度对得率交互影响的响应面图和等高线图

（2）浓度与纤维质量的交互作用。在温度为 70℃，时间为 16h 时，过硫酸铵溶液浓度和纤维质量的响应面及等高线图如图 6-8 所示。由图 6-8（a）可以看出，过硫酸铵溶液浓度在 1.0~3.0mol/g、纤维质量在 1~3g 时，得率的变化趋势是先增加后缓慢减少，过硫酸铵溶液浓度对得率的影响表现为曲面较陡，纤维质量对得率的影响表现为曲面稍显平缓，说明过硫酸铵溶液浓度对得率的影响大于纤维质量对得率的影响。由图 6-8（b）可以看出，过硫酸铵溶液浓度与纤维质量的相互作用较为显著，表现为等高线呈现出明显椭圆形，过硫酸铵溶液浓度的改变会显著影响纤维质量，反过来也是如此，过硫酸铵溶液浓度和纤维质量对得率的影响存在明显的二次关系。

（3）时间与纤维质量的交互作用。当时间为 16h，纤维质量为 2g 时，过硫酸铵溶液浓度在 1.0~2.0mol/g，温度在 50~90℃时，时间和温度的响应面及等高线图如图 6-9 所

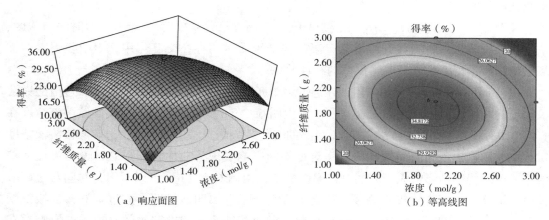

(a) 响应面图　　　　　　　　　　(b) 等高线图

图 6-8　过硫酸铵溶液浓度和纤维质量对得率交互影响的响应面图和等高线图

示。由图 6-9（a）可以看出，时间在 14~18h、纤维质量在 1~3g 时，得率的变化趋势是先显著增加后缓慢减少，纤维质量对得率的影响表现为曲面较陡，时间对得率的影响表现为曲面稍显平缓，说明纤维质量对得率的影响大于时间对得率的影响。由图 6-9（b）可以看出，时间与纤维质量的相互作用较为显著，表现为等高线呈现出椭圆形，时间的改变会显著影响纤维质量，反过来也是如此。

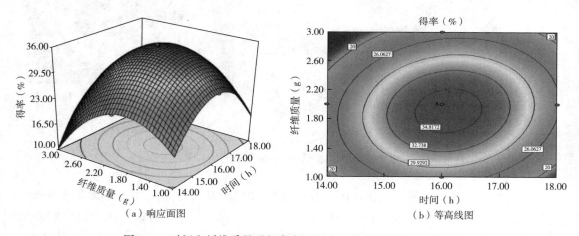

(a) 响应面图　　　　　　　　　　(b) 等高线图

图 6-9　时间和纤维质量对得率交互影响的响应面图和等高线图

（4）温度与纤维质量的交互作用。当过硫酸铵溶液浓度为 2.0mol/g，时间为 16h 时，温度和纤维质量的响应面及等高线图见图 6-10（b）。由图 6-10（a）可以看出，温度在 50~90℃、纤维质量在 1~3g 时，得率先显著增加后缓慢减少，温度对得率的影响表现为曲面较陡，纤维质量对得率的影响表现为曲面稍显平缓，说明温度对得率的影响大于纤维质量对得率的影响。由图 6-10（b）可以看出，温度与纤维质量的相互作用较为显著，表现为等高线呈现出椭圆形，温度的改变会显著影响纤维质量，反过来也是如此。

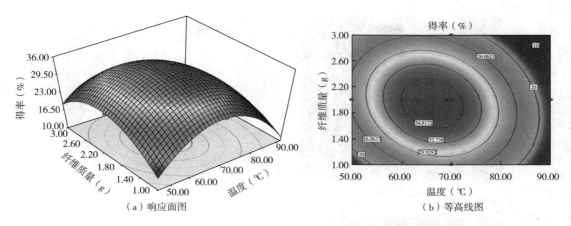

（a）响应面图　　　　　　　（b）等高线图

图 6-10　温度和纤维质量对得率交互影响的响应面图和等高线图

6.5.2.4　模型的验证

本试验以得率为寻优目标，利用 Design Expert 8.0.6 软件进行综合寻优，得到优化结果。当时间为 16.16h，浓度为 1.92mol/g，温度 65.85℃，纤维质量 1.98g，预测得出 AP-WPNF 得率为 35.84%。按上述各因素优化结果进行验证试验，结果得到 AP-WPNF 得率为 35.71%、34.82%、36.65%，平均值 35.72%，可见验证试验值与模型预测值比较接近，表明该模型预测结果良好。

6.5.3　AP-WPNF 的形貌分析

AP-WPNF 的形貌如图 6-11 所示，AU-WPNF 的形貌如图 6-12 所示，SA-WPNF 的形貌如图 6-13 所示。

图 6-11 为过硫酸铵氧化法制得的棕榈纳米纤维形貌图，（a）为 SEM 图、（b）为 TEM 图、（c）为 AFM 形貌图及（d）为 AFM 高度图，（e）为长度分布图，（f）为直径分布图。根据图 6-11（a）～（c），利用 NA（nanoscope analysis）至少测量 100 根三种不同方式获得的纳米纤维长度和直径，然后分别取平均值，得出 AP-WPNF 的长度分布如图 6-11（e）所示，直径分布如图 6-11（f）所示。由高度图 6-11（d）分析得出，AP-WPNF 的高度在 2.6～15.1nm，由长度图 6-11（e）分析得出，AP-WPNF 的长度在 248～418nm，由直径图 6-11（f）分析得出，AP-WPNF 的直径在 37～75nm，长径比可达 15。

由图 6-11 可见，纳米纤维素呈短棒状，部分纤维搭接在一起，按一定的方向顺序排列，这是因为在氧化过程中，纳米纤维素表面部分羟基被氧化成羧基，增加了其表面电荷，使它们之间有足够大的排斥力，因此纳米纤维素的排列基本一致。由此可见，过硫酸铵氧化法所制得的纳米纤维纳米级别高且长度和直径比较均一，这与氧化法制得的纸浆纳米纤维形貌接近，AP-WPNF 的悬浮液的稳定性和分散性较好，浓度低时，AP-WPNF 的悬浮液透光性良好，浓度高时，AP-WPNF 的悬浮液呈透明或半透明的凝胶状，

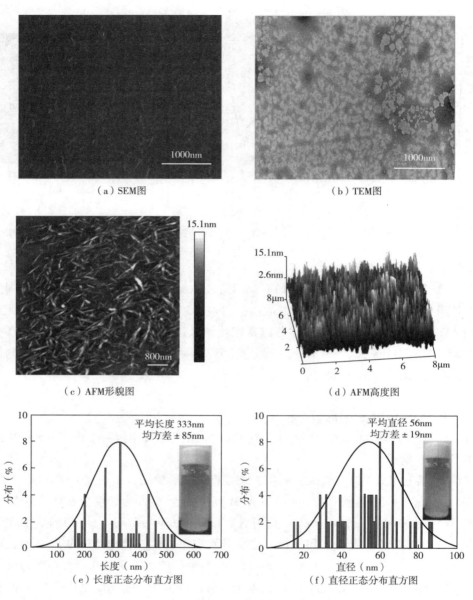

（a）SEM图　　　　　　　　　　　　　（b）TEM图

（c）AFM形貌图　　　　　　　　　　　（d）AFM高度图

（e）长度正态分布直方图　　　　　　　（f）直径正态分布直方图

图 6-11　AP-WPNF 形貌图

合适的 AP-WPNF 悬浮液浓度是制备气凝胶前驱体的先决条件。

图 6-12 为 AU-WPNF 的形貌图，（a）为 SEM 图、（b）为 TEM 图、（c）为 AFM 图及（d）为 AFM 高度图，（e）为长度分布图，（f）为直径分布图。根据图 6-12（a）～（c），利用 NA（nanoscope analysis）至少测量 100 根三种不同方式获得的纳米纤维长度和直径，然后分别取平均值，得出 AU-WPNF 的长度分布如图 6-12（e）所示，直径分布如图 6-12（f）所示。由高度图 6-12（d）分析得出，AU-WPNF 的高度在 1.4 ～

5.6nm，由长度图6-13（e）分析得出，AU-WPNF的长度在188~340nm，由直径图6-12（f）分析得出，AU-WPNF的直径在37~75nm，长径比大约为10。由此可见，碱—尿素联合制得的纳米纤维素纳米长度和直径相对较短，这与碱—尿素联合制得的大象草纳米纤维形貌接近，AU-WPNF的悬浮液的稳定性和分散性较好，浓度低时，AP-WPNF的悬浮液透光性良好，浓度高时，AU-WPNF的悬浮液呈透明或半透明的凝胶状。

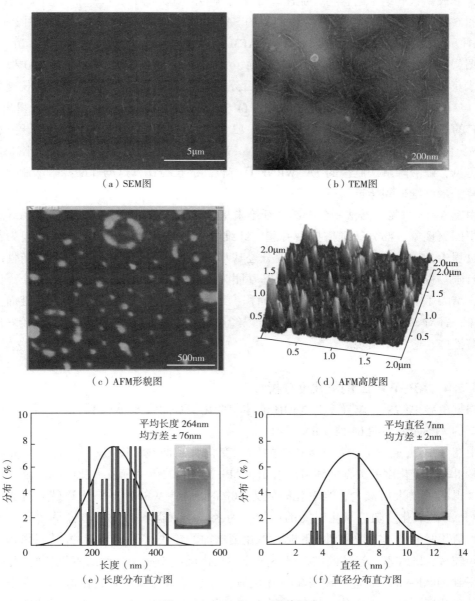

图6-12　AU-WPNF形貌图

由图6-12可见，碱—尿素联合制得的纳米纤维素呈针状，纳米纤维细而短，纳米纤维的长度均匀一致性好，分散性好。这是因为在碱处理过程中，由于尿素的加入，在低温溶解过程中，尿素并未直接与纤维之间发生相互作用，NaOH 和尿素在纤维素纤维周围协同发挥作用，NaOH 的—OH 与尿素中的氨基—NH_2 和氢键之间发生相互作用，Na^+ 与尿素中的氨基—NH_2 和氢键之间发生相互作用。在低温溶解过程中，NaOH 溶液形成相对稳定的"水合物"，纤维素羟基键合并形成了新的氢键网络，同时尿素"水合物"作为壳相包覆，形成鞘状的纳米络合物，加速纤维素溶解的同时实现了纳米纤维良好的分散性。

图 6-13 为硫酸（64%）降解法制得的 SA-WPNF 形貌图，（a）为 SEM 图、（b）为 TEM 图、（c）为 AFM 形貌图及（d）为 AFM 高度图，（e）为长度分布图，（f）为直径分布图。根据 6-13（a）~（c），利用 NA（nanoscope analysis）至少测量 100 根三种不同方式获得的 SA-WPNF 长度和直径，然后分别取平均值，得出 SA-WPNF 的长度分布如图 6-14（e）所示，直径分布如图 6-13（f）所示。由高度图 6-13（d）分析得出，SA-WPNF 的高度在 1.8~9.5nm，由长度图 6-13（e）分析得出，SA-WPNF 的长度在 277~597nm，由直径图 6-13（f）分析得出，SA-WPNF 的直径在 8~12nm，长径比高达 375。由此可见，硫酸降解法制得的 SA-WPNF 具有较高的长径比，这与硫酸降解法制得的桉木漂白浆纳米纤维形貌接近。

由图 6-13 可见，酸法制备的纳米纤维素呈线条状，酸法纳米纤维形貌表明纤维之间发生了团聚现象，部分纤维搭接在一起，纤维的分布呈无序杂乱状态，这是因为在酸化降解过程中，SA-WPNF 仅有表面的部分羟基基团发生酯化反应，引入的负电荷性磺酸酯基团有限，SA-WPNF 分子表面仍以羟基基团为主，由于 SA-WPNF 粒径尺寸小，比表面积大，增大了 SA-WPNF 相互之间接触面积，致使 SA-WPNF 分子容易形成氢键而发生团聚现象，针对 SA-WPNF 发生团聚现象可以经过超声分散处理，纳米纤维可以较好地分散在水溶液中，避免团聚现象。

6.5.4 AP-WPNF 的氧化度分析

根据电导率结果，电导率与 NaOH 的体积变化关系曲线如图 6-14（a）所示，时间对氧化度的关系曲线如图 6-14（b）所示。

由图 6-14（a）电导率与 NaOH 的体积变化关系曲线，图 6-14（b）时间对 AP-WPNF 得率与氧化度的关系曲线可以看出，AP-WPNF 的得率随着氧化时间的增加，纳米纤维素得率先增大后减少，当氧化时间为 16h 时，AP-WPNF 得率达到最大值 29.36%。AP-WPNF 的氧化度随着氧化时间的增加，纳米纤维素得率的变化趋势是增大后趋于平缓，当氧化时间有 14h 增加到 16h 时，氧化度增加的较快达到 0.158。究其原因是由于氧化时间较短，纤维素与过硫酸铵接触不充分，氧化反应不完全，而随着氧化时间的延长，部分得到的 AP-WPNF 进一步发生氧化反应，过氧化氢和硫酸根自由基分子量小，纤维素分子中的还原性基团氧化，破坏分子内和分子间的非晶区氢键，非晶区被破坏。结晶区中的纤维素由于排列有序、紧密、分子间距较小且密度大，过氧化氢和氧原子缓慢进入发生氧化，所以氧化度增加的缓慢。

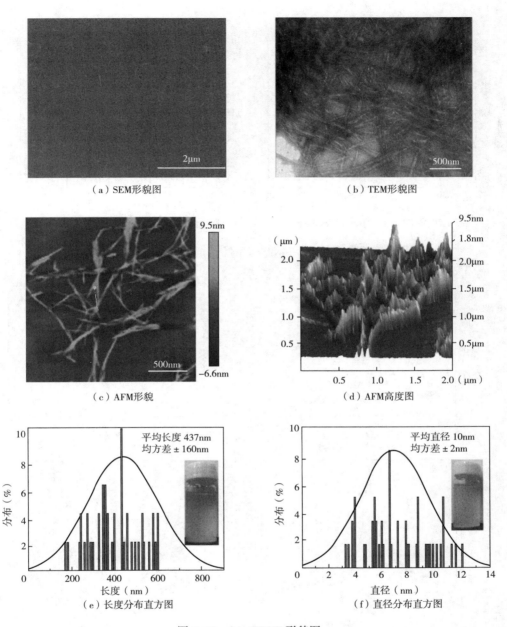

（a）SEM形貌图　　　　　　　　　　（b）TEM形貌图

（c）AFM形貌　　　　　　　　　　（d）AFM高度图

（e）长度分布直方图　　　　　　　　（f）直径分布直方图

图6-13　SA-WPNF形貌图

6.5.5　棕榈纳米纤维的 X 射线衍射分析

纤维素材料的结晶性能受到化学和机械处理的影响。为表征纳米纤维素的结晶性能，同时求证在适当的氧化条件下结晶区是否受到破坏，采用了 XRD 对 SA-WPNF、Au-WPNF、AP-WPNF 的结晶性能进行表征，衍射图谱如图 6-15 所示，结晶指数的计算结果见表6-7。

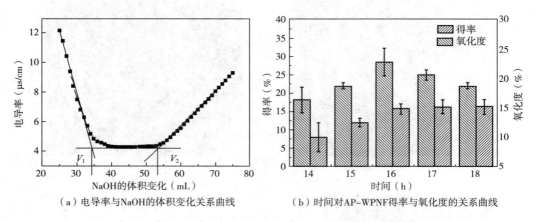

（a）电导率与NaOH的体积变化关系曲线　　　　（b）时间对AP-WPNF得率与氧化度的关系曲线

图6-14　电导率与NaOH的体积变化、氧化度关系曲线

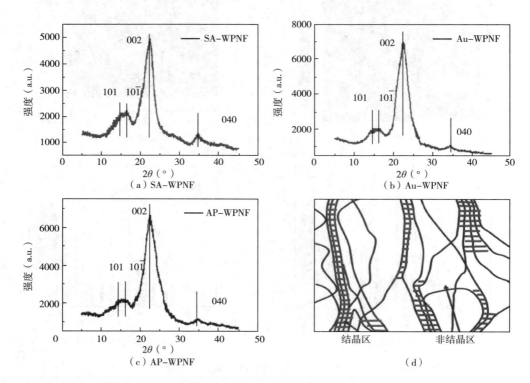

图6-15　SA-WPNF、Au-WPNF、AP-WPNF的X射线衍射图

表6-7　WPF、SA-WPNF、Au-WPNF、AP-WPNF结晶指数计算结果

样品	I_{002}	I_{am}	CrI（%）
WPF	3918	1735	58.3
SA-WPNF	5173	2040	60.6

样品	I_{002}	I_{am}	CrI（%）
Au-WPNF	7085	2087	71.8
AP-WPNF	6705	2171	67.6

通过分析图 6-15 结合表 6-7 的结果显示，SA-WPNF 的结晶指数为 60.6%，AP-WPNF 的结晶指数为 67.6%，Au-WPNF 的结晶指数为 71.8%，都大于第 5 章测得的 WPF 结晶指数 58.3%。研究中使用的几种制备棕榈纳米纤维的化学方法保留了天然纤维素 I 的结构，所有的纳米纤维具有衍射峰值集中在近似 14°和 16°（对应于 101、10$\overline{1}$ 晶面的衍射峰），衍射峰近似 22°（对应于 002 晶面的衍射峰）以及衍射峰近似 34°的较小峰值（对应于 040 晶面的衍射峰）。究其原因是酸处理纤维过程中，纤维的非晶区在 64% 硫酸的作用下降解而析出结构有序、尺寸小、结晶度高的结晶区，结晶度提高了 4%，可以通过延长处理水解时间和适当提高硫酸溶液浓度来加速纤维的降解。

NaOH—尿素联合处理纤维过程中，由于低温环境下，NaOH 溶液形成较为稳定的络合物建立的氢键网络体系与 WPF 的羟基发生键合，尿素以壳相包覆存在形成稳定的鞘状纳米络合物，促进了纤维的溶解，结晶度提高了 23%，NaOH—尿素联合处理纤维的时间不宜过长，否则会由于氢键的缔合作用难以实现纳米纤维与溶液的离心分离。

过硫酸铵在氧化降解纤维的过程中，分解产生的过氧化氢和硫酸根自由基作用于非晶区，纤维素上的羟基被选择性地氧化成羧基，保留了部分结晶区，结晶度提高了 16%，过硫酸铵溶液氧化纤维的时间不宜过长或者溶液浓度不宜过高，否则会造成结晶区的破坏，使结晶度下降。纤维的结晶度能直接反应聚合物的有序聚合程度以及纳米纤维单分子的折叠排列链，纤维的聚集态结构如图 6-15（d）所示，具有致密规则排列的结晶区依赖于氢键和共价键的相互作用，具有无序排列结构的非晶区是由氢键连接，不同的化学作用方式主要作用于非晶区，获得的纳米纤维形貌尺寸与化学试剂及处理的工艺参数有关。

6.5.6　AP-WPNF 的红外光谱分析

红外光谱能够体现出物质的化学成分，还能够提供物质分子构造的信息，通过傅里叶红外光谱仪对 SA-WPNF、Au-WPNF、AP-WPNF 进行表征，所得到的红外光谱图如图 6-16 所示。

从图 6-16 中可以看出，SA-WPNF、Au-WPNF、AP-WPNF 在 3340cm^{-1}、2900cm^{-1}、1740cm^{-1}、1640cm^{-1}、1420cm^{-1}、1386cm^{-1}、1312cm^{-1}、1150cm^{-1}、1064cm^{-1}、897cm^{-1}、669cm^{-1} 处出现特征吸收峰，说明 SA-WPNF、Au-WPNF、AP-WPNF 仍保持纤维素 I$_\beta$ 型结构。

3340cm^{-1} 处出现的宽而强的特征峰归属于纳米纤维上—OH 的伸缩振动，为纳米纤维的良好吸附性能提供依据。2900cm^{-1} 处出现的特征峰归属于纳米纤维上的亚甲基 C—H 的伸缩振动，AP-WPNF 在 1740cm^{-1} 处出现的特征峰归属于羧酸基团中的 C＝O 的弱吸收峰，1640cm^{-1} 处出现的特征峰归属于纤维素中的氢键和吸收水上的—OH 伸缩振动和羧基的贡献，1420cm^{-1} 处出现的特征峰归属于木质素和半纤维素上的甲基或者亚甲基 C—H 的伸缩振动，1386cm^{-1} 处出现的特征峰、1312cm^{-1} 处小而强的特征峰来源于纳米纤维素上饱和 C—H 的伸缩振动以及 C—O 伸缩振动的贡献，1150cm^{-1} 处吸收峰归属于纤维素 C—C 骨架伸缩振动，1064cm^{-1} 处出现的吸收峰归属于纤维素醇的 C—O 伸缩振动，897cm^{-1} 归属于纳米纤维的纤维素 I 型的 C—H 振动峰，669cm^{-1} 处出现的特征峰归属于 C—OH。

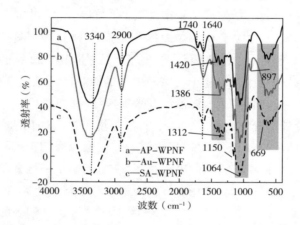

图 6-16 SA-WPNF、Au-WPNF、AP-WPNF 红外光谱图

本研究结果与文献中纳米纤维的 FTIR 数据一致。特别需要注意的是，木质素的存在有助于纳米纤维用于水凝胶材料的开发应用，与 SA-WPNF，Au-WPNF 相比，AP-WPNF 的红外谱图在 1740cm^{-1} 处出现一个新的吸收峰，此峰归属 AP-WPNF 上的羧基峰，峰的强度随着时间增加而变强，这是因为随着反应时间的增加，纤维素被氧化成羧基量增加，这与 AP-WPNF 的氧化度数据分析相吻合，与 SA-WPNF，Au-WPNF 相比，AP-WPNF 的红外谱图在 897cm^{-1} 处出现的吸收峰弱，代表半纤维素脱除的程度高。

6.5.7 AP-WPNF 的电位分析

SA-WPNF 电位值-8.97mV。Au-WPNF 电位值-4.28mV。13h 时 AP-WPNF 的 Zeta 电位值-25.45mV，14h 时 AP-WPNF 的 Zeta 电位-38.8mV，15h 时 AP-WPNF 的 zeta 电位-44.15mV，16h 时 AP-WPNF 的 zeta 电位-45.45mV，17h 时 AP-WPNF 的电位最高值-46.42mV。结果表明延长反应时间，AP-WPNF 表面电荷随之增加，而 16h 与 17h 的电位相差不大，这与 AP-WPNF 的氧化度增加趋势相吻合。

6.6 本章小结

以 WPF 素为原料，使用 Design Expert 8.0.6 软件所提供的 CCD 对 AP-WPNF 的制备进行 RSM 设计，选取反应时间，过硫酸铵溶液浓度，温度，纤维质量对 AP-WPNF 得率进行建模，验证试验值与模型预测值比较接近，证明模型预测结果良好。并与 SA-WPNF，AU-WPNF 进行对比研究。利用 SEM，AFM，TEM 结合 Image 软件对纳米纤维的形态、大小和分布进行研究，采用 FTIR 测试分析纳米纤维的化学结构，利用 XRD 分析了纳米纤维的晶体结构，分析结果如下。

（1）根据模型预测各因素对纤维素得率的影响情况，通过分析影响因素间的交互作用得出：时间与浓度、浓度与纤维质量、时间与纤维质量、温度与纤维质量均存在交互作用，表明各因素对棕榈纳米纤维素得率的影响不是简单的线性关系。

（2）形貌分析结果表明：AP-WPNF 呈线条状，AP-WPNF 的高度在 2.6~15.1nm 之间，AP-WPNF 的长度在 248~418nm，AP-WPNF 的直径在 37~75nm，长径比可达 15。过硫酸铵氧化法所制得的纳米纤维纳米级别高且长度和直径比较均一，AP-WPNF 的悬浮液的稳定性和分散性较好，浓度低时，AP-WPNF 的悬浮液透光性良好，浓度高时，AP-WPNF 的悬浮液呈透明或半透明的凝胶状，合适的 AP-WPNF 悬浮液浓度是制备气凝胶的前驱体。

（3）XRD 结果表明，SA-WPNF 的结晶指数为 60.6%，Au-WPNF 的结晶指数为 67.6%，AP-WPNF 的结晶指数为 71.8%，都大于第 2 章测得的 WPF 的结晶指数 58.3%。研究中使用的几种制备棕榈纳米纤维的化学方法保留了天然纤维素 I 的结构。FTIR 测试结果表明，与 SA-WPNF，Au-WPNF 相比，AP-WPNF 的红外谱图在 $1740cm^{-1}$ 处出现一个新的吸收峰，此峰归属 AP-WPNF 上的羧基峰。

（4）氧化度与电位的测试结果表明，AP-WPNF 的氧化度随着氧化时间的增加，纳米纤维得率的变化趋势是增大后趋于平缓，当氧化时间有 14h 增加到 16h 时，氧化度增加的较快达到 0.158。延长反应时间 AP-WPNF 表面电荷随之增加，而 16h 与 17h 的电位相差不大，两者的变化趋势保持一致。

综上所述，模型能够用来预测过硫酸铵法制备的纳米纤维素得率、制得的纳米纤维素产率高，尺寸均一性好。过硫酸铵氧化法将有机物氧化成水和二氧化碳，过程废水的主要成分为硫酸盐，绿色环保，因此，过硫酸铵氧化法可以成为制备纳米纤维的有效方式之一。

第7章 棕榈纤维复合气凝胶的制备及表征

7.1 引言

纤维素在大部分溶剂体系中都较难溶解，原因是其具有特殊的分子结构特征，纤维素大分子除两端外，每个单糖单元上连有三个醇羟基，所以在其大分子中存在着分子内氢键与分子间氢键。不同纤维素的溶剂体系中纤维素的溶解行为都是在分子内与分子间氢键解体之后，纤维素大分子和溶剂中的分子重新形成了氢键，但是它们之间形成的氢键很脆弱，导致整体的纤维素溶液并不稳定，易受到周围温度、pH等因素的干扰。这样形成的新的平衡很容易被破坏，纤维素大分子将再一次形成分子内与分子间的氢键，为不破坏WPF的形貌结构，充分发挥WPF自身的结构优势，本章将棕榈纤维和海藻酸钠进行复合，制备气凝胶，可发挥纤维材料、海藻酸钠凝胶和气凝胶的三维多孔结构特点，形成具有优良压缩性能、吸声性能及保温性能等复合功能的气凝胶材料。

本章选择了SEM，FT-IR，XRD等测试手段进行结构表征，证明纤维素气凝胶是否形成了三维网络空间结构。同时对纤维素气凝胶的力学性能，吸声系数，隔热性能等性能测试，揭示WPF气凝胶结构优势，并找出其需要强化改性的缺陷原因，为制备功能性气凝胶材料提供基础方法。

7.2 棕榈纤维复合气凝胶的制备

7.2.1 实验材料与试剂

第5章制备的微米级全组分棕榈纤维（FW）（纤维素、半纤维素、木质素）；海藻酸钠（CP，黏度220mPa·s），上海麦克林生化科技有限公司；乙基三甲氧基硅烷，阿拉丁试剂（上海）有限公司。

7.2.2 实验仪器

BSA224S分析天平，赛多利斯科学仪器（北京）有限公司；YB-FD-1真空冷冻干燥机，上海亿倍实业有限公司；PH400HD101A-2电热鼓风烘箱，南通宏大实验仪器有限公司；玻璃真空干燥器，江苏华鸥玻璃有限公司；HHS-1S恒温不锈钢水浴锅，上海康路仪器设备有限公司；立式超低温深冷柜，浙江捷盛制冷科技有限公司；移液枪，上海捷辰仪器有限公司。本实验常用仪器还有烧杯、玻璃棒、量筒、三口烧瓶等。

7.2.3　FW/SAA 的制备

利用中药粉碎机将 FW 粉碎，称取一定量的海藻酸钠（SA）放置于去离子水，在磁力搅拌器中搅拌 30min（30℃），配得质量分数为 4% 的 SA 溶液，按照一定的配比将 FW 放置于 SA 溶液（0、0.5%、1%、1.5%、2%、2.5%、3%），常温条件下，搅拌后将纤维均匀分散于 SA 溶液中（10min），利用真空烘箱脱泡处理混合溶液 1h，然后将复合水凝胶快速分装于模具尿杯和直径 12cm 的培养皿中进行凝胶 12h，待海藻酸钠和全组分纤维素完全凝胶化后。将其放置于超低温冰箱（−80℃）冷冻 6h，取出后放置在冷冻干燥机中进行干燥（−90℃，真空度：5MPa）干燥 36h，得到不同组分 WPF 含量的 FW/SAA 气凝胶分别标记为：SAA、FW/SAA1、FW/SAA2、FW/SAA3、FW/SAA4、FW/SAA5。

7.2.4　FW/SAEA 的制备

采用气相沉积法制备 FW/SAEA 超疏水改性复合气凝胶：利用乙基三甲氧基硅烷（ethyltrimethoxysilane）对 FW/SAA3 进行超疏水改性，使气凝胶具有疏水性能。具体的改性制备过程为，首先提前将烘箱预热 0.5h 至 85℃，将上述制备的 FW/SAA 置于干燥器中，用移液枪分别取 250μL、300μL、350μL、400μL、450μL 的乙基三甲氧基硅烷置于烧杯中，分别放入装有 FW/SAA 的干燥器中，然后将干燥器放入烘箱中烘燥 5h，取出干燥器，在常温下放置一段时间使乙基三甲氧基硅烷和 FW/SAA 进一步反应达到更好的疏水效果，经过整理的样品分别标记为 SAEA、FW/SAEA1、FW/SAEA2、FW/SAEA3、FW/SAEA4、FW/SAEA5，如图 7−1 所示。

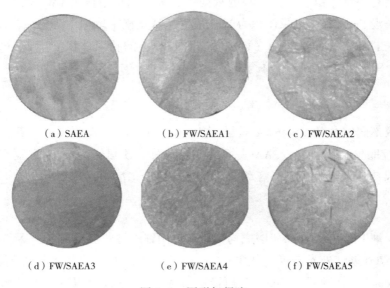

|　（a）SAEA　|　（b）FW/SAEA1　|　（c）FW/SAEA2　|
|　（d）FW/SAEA3　|　（e）FW/SAEA4　|　（f）FW/SAEA5　|

图 7−1　圆形气凝胶

7.3 棕榈纤维复合气凝胶的表征

将 FW/SAA 样品借助导电胶整齐贴于电镜台上，喷金 3min 后置于 Quanta 250 FEG 型场发射扫描电镜（FEI 公司，美国）真空腔中，在 15kV 电压下，低真空模式下观察样品表面形貌。将 FW/SAEA 借助导电胶将硅片贴于电镜台上，而后置于 Quanta 250 FEG 型场发射环境扫描电子显微镜真空腔中，在 5kV 电压下观察样品表面元素的分布情况。体积收缩率利用水凝胶的体积与气凝胶体积的差值与水凝胶的体积之比获得。水凝胶的高度用直尺量取不同水凝胶样品在尿杯中的高度记为 h（mm），水凝胶的直径用直尺量取不同水凝胶样品的尿杯底部直径记为 d（mm），每个样品测量 3 次取平均值。通过利用游标卡尺准确测量气凝胶的直径标记为 d_0（mm）、高标记为 h_0（mm），每个样品测量 3 次取平均值。体积收缩率 v_s 计算公式见式（7-1）。

$$v_s = \frac{d^2 h - d_0^2 h_0}{d^2 h} \times 100\%$$

（7-1）

密度的测量采用质量与体积之比得到。利用电子天平称取圆柱体气凝胶的质量，标记为 m_0（mg），利用游标卡尺准确测量气凝胶的直径标记为 d_0（mm）、高标记为 h_0（mm），每个样品测量 3 次取平均值。气凝胶密度 ρ 计算公式见式（7-2）。

$$\rho = \frac{4m_0}{\pi d_0^2 h_0}$$

（7-2）

孔隙率的测定采用有机溶剂乙醇置换法，在室温条件下，将一质量为 W_0 的 FW/SAA 样品浸没在装有一定体积（V_0）乙醇的量筒中，采用抽真空排出 FW/SAA 多孔结构中残存的气泡，浸没 5min 后，记录体积为 V_1。最后，从量筒中取出 FW/SAA，剩下的乙醇体积记录为 V_2。FW/SAA 的骨架为（$V_1 - V_0$），FW/SAA 的孔隙体积为（$V_0 - V_2$），FW/SAA 的总体积为 $V = (V_1 - V_0) + (V_0 - V_2) = V_1 - V_2$，孔隙率的计算公式见式（7-3）。

$$P = \frac{V_0 - V_2}{V_1 - V_2}$$

（7-3）

分别称取不同组分的 FW/SAA 质量记为 m_0，将 FW/SAA 浸没在去离子水中，每隔 5min 将气凝胶取出，吸去 FW/SAA 表面的多余水分后质量记为 m_1，重复实验直到 FW/SAA 的质量保持不变为止。吸水倍率 w 计算公式见式（7-4）。

$$w = \frac{m_1 - m_0}{m_0}$$

（7-4）

分别取少许 FW/SAA 样品研磨成均匀粉末，用红外灯照射后与 KBr 压制成透明薄片，置于 Nicolet 5700 型红外光谱仪（热电尼高力，美国）。在 25℃，65% 的环境下，波数范围 400~4000cm^{-1}，分辨率为 2cm^{-1}，扫描次数为 32，拟合后得到红外吸收光谱图。为表征 FW/SAA 的晶体结构，将 FW/SAA 样品剪碎研磨得到均匀粉末。采用 D8 Advance 型射线衍射仪（布鲁克 AXS，德国）在 40kV 电压、30mA 电流条件下测定各样品的晶体结构。扫描步长为 0.04°，扫描范围为 $2\theta = 5° \sim 45°$。依据 GB/T 16421—2006 检测 FW/SAA 的压缩强度。将直径为 5mm 气凝胶统一制备成高度为 15mm 的样品，置于 INSTRON-3365 万能力学材料试验机（INSTRON，USA）样品台上，以 6mm/min 的下降速度测定压缩强度。利用型号为 K-50HB 型手动拉压力测试仪对圆柱形 FW/SAA 进行压缩—回复测试，压缩一定高度后撤销压力使其自然回复，通过回复率分析其压缩—回复性能。利用红外灯和红外成像仪搭建一个测量系统对 SAA、FW/SAA 保温性能进行测试，将制备好的 SAA、FW/SAA 裁剪成直径为 90mm 圆片，直接用远红外成像仪实时监测。保温性能测试是在一个恒温恒湿密闭的环境内进行。测试仪器是一个光谱响应范围覆盖 $15 \sim 800\mu m$ 波段的红外辐射测量系统，搭建的系统包括一个功率为 150W 的红外灯和一个可以实时监测温度变化、示值误差不超过 0.1℃、响应时间不超过 1s 的远红外成像仪。测试过程分别将 SAA、FW/SAA 放置在红外灯的中心区域，保证红外光均匀照射在气凝胶样品上，红外灯与样品的距离为 20cm，测试开始时打开远红外灯，持续照射 30min 后关闭远红外灯使 SAA、FW/SAA 样品降温 5min，然后采集样品测试数据，测试 SAA、FW/SAA 样品的表面温度变化。利用北京中西仪器有限公司的 M216440 吸声系数测试系统，依照 GB/T 18696.1—2004 测定 SAA 和 FW/SAA 的吸声系数，采用驻波管直接测量吸声系数在 $80 \sim 6300$Hz 间的表征数值。在光学接触角测试仪（Krüss DSA 100）上测试改性超疏水复合气凝胶的静态接触角，液滴水的体积为 $6\mu L$，当液体滴在气凝胶上 0.5s 时，测试 FW/SAEA 的接触角大小。

7.4　结果与讨论

7.4.1　SAA 和 FW/SAA 的 SEM 形貌分析

SAA 和 FW/SAA 的形貌如图 7-2 所示。三维（3D）多孔结构是气凝胶的突出应用性，如细胞培养、组织修复、吸附和隔声等的关键因素。为了探明 WPF 含量对 FW/SAA 微观结构的影响，不同 WPF 添加量 FW/SAA 的结构变化如图 7-2 所示。FW/SAA 表现出多孔结构，但多孔网络的结构状态略有不同。纯 SAA 呈现为 3D 网络互穿交联，而 FW/SAA 则是 SA 片层互穿交联结合 WPF 骨架支撑交联的多孔结构，这种 FW/SAA 的网络结构可以通过加入 WPF 进行调控。

对于 FW/SAA 网络结构单元，柔韧的 SA 分子链会受到坚实的 WPF 牵制，在冻干过程中的 SA 不能自由移动，导致这些可移动的 SA 分子链在组装过程中受到 WPF 交联，使其 SA 分子链的交联组装越发有序，并形成越发紧密的交联，随着 WPF 含量的增加，实现多孔凝胶网络结构单元的不断减小，SA 多孔结构的片层变得越发紧凑和有序。总体而言，FW/SAA 中加入的 WPF 大部分交联到孔的相邻片层上小部分黏附在层壁上。但是当

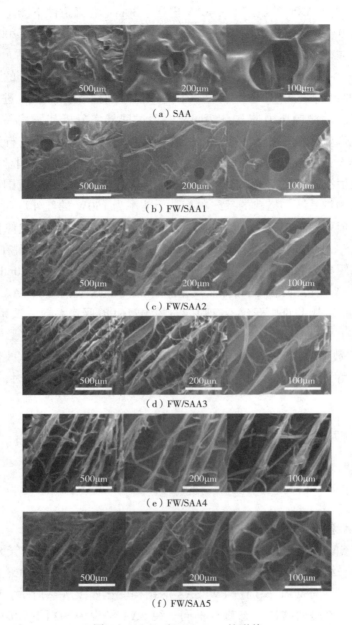

（a）SAA

（b）FW/SAA1

（c）FW/SAA2

（d）FW/SAA3

（e）FW/SAA4

（f）FW/SAA5

图 7-2 SAA 和 FW/SAA 的形貌

加入的 WPF 过量后，孔洞出现坍塌，甚至伴随出现纤维排列杂乱无章的现象（FW/SAA5），究其原因可能是由于恒量的 SA 分子链不能维持"固定"过量的 WPF 从而出现部分未交联的 WPF 之间的相互作用减弱。从图中能明显观察到 FW/SAA4 中的棕榈纤维均匀分布在纤维表面 SA 片层之间，这不但提高了材料的机械强度，还赋予气凝胶更多的物质传递通道。

7.4.2　FW/SAA 的 X 射线能谱分析

图7-3为对400μL乙基三甲氧基硅烷前驱体制备的FW/SAA执行EDS能谱表征结果分析。由图7-3（b）~（e）可以发现，Si元素均匀地分布在FW/SAA表面，这与扫描电镜测试结果高度一致。另外，图7-3（e）能谱图显示，有一些Na元素存在，这是海藻酸钠的主要成分。FW/SAA中有少量Si元素存在，再次证实乙基三甲氧基硅烷已成功沉淀到气凝胶内部，说明气凝胶具有超疏水性能。

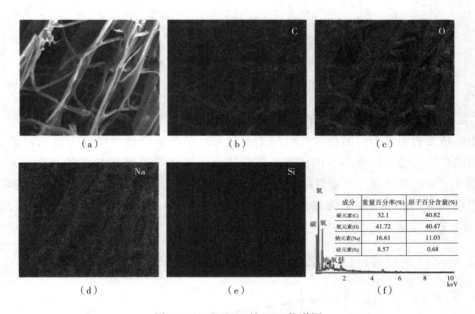

成分	重量百分率(%)	原子百分含量(%)
碳元素(C)	32.1	40.82
氧元素(O)	41.72	40.47
钠元素(Na)	16.61	11.03
硅元素(Si)	8.57	0.68

图7-3　FW/SAA 的 EDS 能谱图

（a）FW/SAA 形貌　（b）~（e）FW/SAA 元素分布图（标尺为50μm）　（f）EDS 能谱图

7.4.3　SAA 和 FW/SAA 的体积收缩率分析

FW/SAA的体积收缩率如图7-4所示，实验制得的水凝胶体积平均为62.7mm³，棕榈纤维复合水凝胶球的体积在真空冷冻干燥后会发生一定程度的收缩，体积收缩的程度用体积收缩率来表示，WPF添加量不同导致复合气凝胶的体积收缩率也有所不同，气凝胶在干燥的过程中由于纤维素网络结构会使SA分子的自由运动受到限制，WPF与SA交联形成的三维网络结构中含有的冰晶在冻干过程中直接升华形成三维多孔结构，WPF的添加量越多交联的程度越充分，骨架结构在冻干的过程中越不容易坍塌，所以体积收缩率呈下降趋势。当WPF含量达到临界值后，过多的WPF影响纤维素大分子链与SA交联形成的骨架结构，凝胶结构在冻干过程中的体积收缩率会略有增加，导致体积收缩率FW/SAA4和FW/SAA5相差不大。

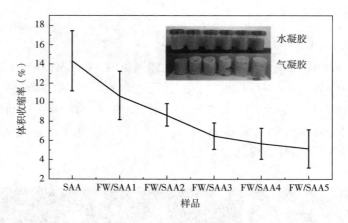

图 7-4　FW/SAA 的体积收缩率

7.4.4　SAA 和 FW/SAA 的密度和孔隙率分析

实验结果表明，不同组分的棕榈纤维气凝胶质量随着棕榈纤维的含量的增加呈现不断增加的趋势。通过对图 7-5 的观察可以看出，密度和孔隙率具有明显的负相关性。随着棕榈纤维的含量增加，气凝胶的密度呈上升趋势，然而孔隙率却呈不断下降趋势，SAA 孔隙率最低，但也保持在 90% 以上。结果表明，棕榈纤维的加入对制备密度和孔隙率的理想气凝胶效果显著。

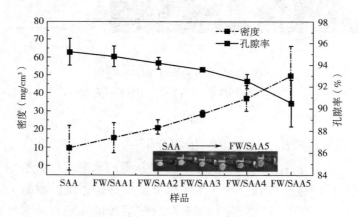

图 7-5　气凝胶的密度和孔隙率关系

7.4.5　SAA 和 FW/SAA 的溶胀性能分析

气凝胶材料由于自身密度低，加之 WPF 又含有大量羟基，所以 FW/SAA 具有良好的亲水性能。图 7-6 为棕榈纤维素气凝胶在不同时间内的吸水率曲线图，通过对图 7-6 的观察可以看出，SAA 及 FW/SAA1~FW/SAA5 在 5min 左右能迅速地吸水基本达到溶胀平衡，存在差异是由于 WPF 含量及不同的孔隙率微观结构的综合影响，随着 FW/SAA 中

WPF 含量的增加，FW/SAA 达到溶胀平衡时的最大吸水倍率呈上升趋势，WPF 浓度从 1%（质量分数）提高到 3.5%（质量分数）后，FW/SAA 的最大吸水倍率从 32.7g/g 下降到 19.3g/g，当 FW/SAA 达到溶胀平衡时，FW/SAA 的吸水能力基本保持不变，在吸水 60min 后 FW/SAA 的体积基本保持不变。

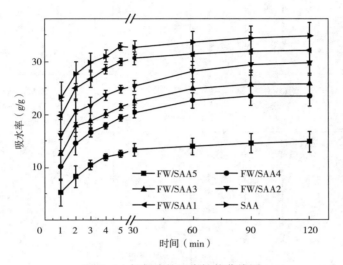

图 7-6　气凝胶的吸水性能曲线图

FW/SAA 由于具有高孔隙率以及柔韧性，实验采用吸水挤压法测定 FW/SAA 吸水重复性。如图 7-7 所示，分别称取不同组分 FW/SAA 的质量 20mg，FW/SAA1 吸水达到溶胀平衡后质量达到了 590mg，第一次挤压之后质量为 43mg，再次置于水中进行第二次实验，FW/SAA 达到溶胀平衡的质量为 581mg，FW/SAA 经过 5 次循环吸水挤压后，达到溶胀平衡时的质量仍能维持在 566mg 左右。实验结果表明经过重复的挤压 FW/SAA 的内部结构没有被破坏，FW/SAA 具有良好的循环使用性。同样，对于海藻酸钠的气凝胶均也展现出了良好的循环使用性。

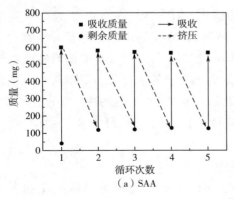

（a）SAA

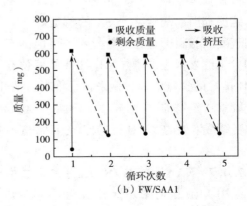

（b）FW/SAA1

图 7-7

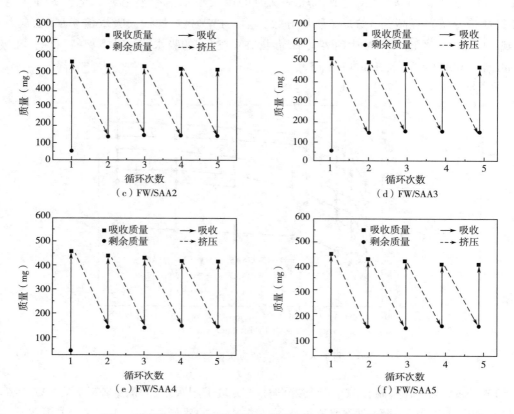

图7-7　不同组分棕榈纤维复合气凝胶的吸水重复性曲线图

7.4.6　SAA 和 FW/SAA 的红外光谱分析

采用 $500\sim4000\text{cm}^{-1}$ 的光谱范围对 FW/SAA 进行红外光谱分析，如图 7-8 所示，以研究 SAA 和 FW/SAA 之间的化学基团。从红外图谱中可以看出：SAA 和 FW/SAA 的特征吸收峰位置基本一致，a~f 曲线中 1617cm^{-1} 和 1400cm^{-1} 处分别为 C—H 键不对称伸缩和对称伸缩振动引起的峰，是 SA 的特征峰。b~f 曲线中，在 $3550\sim3000\text{cm}^{-1}$ 处大而宽的峰表明气凝胶材料上存在大量氢键，可能由于 SA 与 WPF 之间的反应，随着纤维素含量的增加，氢键含量逐渐增加。b~f 曲线峰值在 $3550\sim3200\text{cm}^{-1}$ 范围含有的谱峰变强，说明 —OH 谱峰的含量增加，是来自纤维素，半纤维素和木质素的信号源，说明从 b~f 曲线还有纤维素含量增加。c~f 曲线在 $3048\sim3000\text{cm}^{-1}$ 处和 $760\sim706\text{cm}^{-1}$ 处的特征峰分别来自木质素和半纤维素处的 C—H 键的伸缩振动和 C—H 键的弯曲振动，说明纤维素含量明显增多。

7.4.7　SAA 和 FW/SAA 的 X 射线衍射分析

采用 XRD 衍射图评价 SAA 和不同 WPF 添加量的 FW/SAA 结晶结构变化如图 7-9 所示。

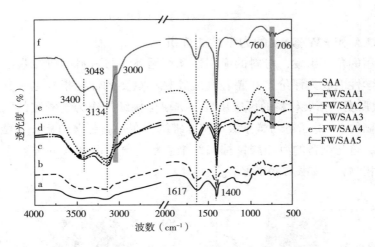

图 7-8　FW/SAA 的红外光谱图

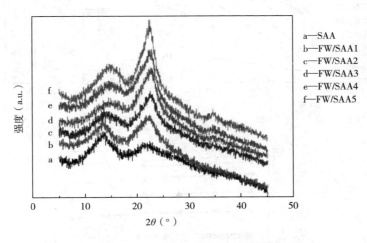

图 7-9　FW/SAA 的 XRD 衍射图

　　SAA 的衍射峰 2θ 大约在 18° 没有强峰，衍射峰 2θ 大约在 13° 处表明 SAA 的无定形结构，SAA 没有观察到明显的纤维素衍射峰。与 SAA 相比，FW/SAA 的两个主要衍射峰在 2θ 值 14.8°、16° 和 22° 分别对应晶面 101、晶面 10$\overline{1}$ 和晶面 002，这是典型的纤维素 I 的晶体结构。衍射峰 2θ 大约在 22° 处 FW/SAA1 略显薄弱，当 FW/SAA 中继续增加 WPF，可以获得 2θ 值大约在 22° 衍射峰逐渐增加，说明添加纤维对气凝胶结晶性能没有明显的影响，FW/SAA 没有改变峰的位置，证明了 SA 与 WPF 的结合并不破坏纤维素的结晶性，WPF 均匀分散在海藻酸钠聚合物基质，以及分子间相互作用可以提高组件的均匀性和良好的溶混性准备所需的 FW/SAA。FW/SAA4 和 FW/SAA5 出现弱衍射峰大约为 34°（对应于晶面 004），这是纤维素 I 的特点。说明复合气凝胶没有改变纤维材料原始结晶本质，与 FTIR 分析结果高度一致。

7.4.8　SAA 和 FW/SAA 的力学性能分析

从实际应用的角度出发，材料的应用性和可循环性与材料的机械强度和柔韧度密切相关，所以力学性能成为评价多孔超轻气凝胶材料重要的性能指标之一。实验为了研究纯 SAA 的机械强度以拓展材料的可应用性。选取棕榈纤维作为气凝胶的刚性骨架结构支撑单元，将柔韧的 SA 分子链与微米级棕榈纤维结合在一起制得的复合气凝胶展现出优良的强度和模量。这与制备的海藻酸钠棕榈纤维素复合气凝胶随着纤维素含量的增加展现出的力学性能相吻合，如图 7-10 所示。

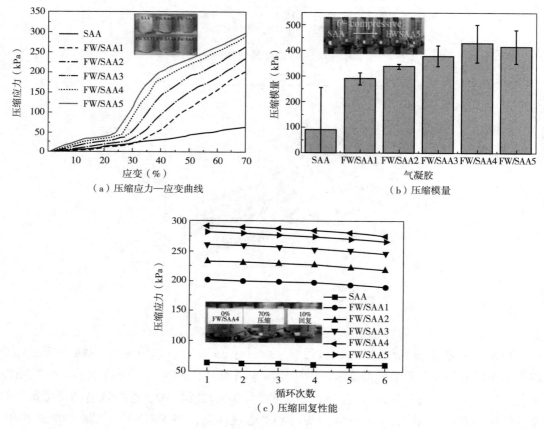

（a）压缩应力—应变曲线　　　　（b）压缩模量

（c）压缩回复性能

图 7-10　FW/SAA 的力学性能

对 15mm 高圆柱形的 SAA 和不同组分的复合气凝胶进行轴向压缩性能测试，压缩应变（ε）设置为 70%。如图 7-10（a）所示，WPF 显著提高了海藻酸钠基复合气凝胶的力学性能。压缩过程中可以观察到两个明显的阶段：在 20%<ε<30% 内的线弹性区域和 30%<ε<70% 内的压缩致密区域，这是由压缩过程中多孔结构单元和纤维素海藻酸钠网络互穿骨架分别承担载荷造成的，复合气凝胶随着纤维素含量的增加，压缩致密区域整体呈上升趋势，压缩强度［图 7-10（a）］和压缩模量［图 7-10（b）］均呈现稳步增长

趋势，并在 FW/SAA4 中达到最高，压缩强度为 299.2kPa，压缩模量为 427.4Pa，对比 SAA 来说分别增加了 353.6% 和 353.5%。随着棕榈纤维含量的增加，越来越多纤维刚性骨架结构单元被加入，但当纤维的含量到达一定程度时，过多的纤维不能与柔性的海藻酸钠结合，纤维杂乱无章地分布在气凝胶材料内部，导致 SA 多孔网络和纤维素海藻酸钠网络互穿骨架协同承担压缩载荷的能力降低，因而复合气凝胶承受的压缩强度随着纤维含量的增加呈现先增加后减少的趋势。SAA 和 FW/SAA 压缩强度和压缩模量见表 7-1。

表 7-1　SAA 和 FW/SAA 的压缩强度和压缩模量

样品	压缩强度（kPa）	压缩模量（kPa）	压缩第 6 次后的应力（kPa）
SAA	64.1	91.6	60.31
FW/SAA1	203.5	290.7	189.3
FW/SAA2	235.9	337	218.4
FW/SAA3	266.1	380.1	245.9
FW/SAA4	299.2	427.4	275.6
FW/SAA5	290.8	415.4	260.9

对 SAA 和 FW/SAA 气凝胶的压缩机理进行分析，SAA 大量的海藻酸钠分子链在冻干过程中移动、交联、重叠形成自由排列的凝胶 3D 网络互穿交联，独自承担压缩载荷。然而当棒状刚性结构的棕榈纤维贯穿入 SA 片层分子链后，压缩性能得到明显提升。棕榈纤维加入后通过与海藻酸钠分子链的交联、并重组网络片层结构，从而调控 FW/SAA 的网络矩阵分布。具体来说，这些海藻酸钠分子链将会沿着垂直棕榈纤维伸展方向排列，而棕榈纤维则交联进孔的相邻片层孔壁上，形成规律的多孔网络片层结构。与 SAA 的 3D 互穿网络结构相比，FW/SAA 协同发挥 SA 网络结构作用和 SA 片层与棕榈纤维交联的多孔结构，在纤维素的含量一定时，孔的结构逐渐致密和规律能够承受更大的载荷。FW/SAA5 的纤维素含量过多，没有与 SA 交联的纤维散乱分布在孔的内部和表面，影响了多孔结构的规律排列，导致了压缩性能降低。在初始应变阶段，SA 分子链形成的 3D 网络结构承担载荷，当压缩应变增加到一定程度时，棒状的棕榈纤维开始均摊载荷，故而，FW/SAA 的机械强度不仅与 SA 多孔网络相关，还与坚硬的棕榈纤维的添加量密切相关。

如图 7-10（c）所示，FW/SAA 的压缩强度随着棕榈纤维添加量的增多而呈增加的趋势，然而弹性却逐渐减少。在 70% 的压缩范围内，SAA 经过首次压缩之后能够回复至原高度的 95%，而 FW/SAA4 只能回复到原始值的 77%，产生 23% 的永久变形。并且 1.5t% 和 2.0t% 纤维素浓度的气凝胶在相对较低的应力作用下（0~20kPa），能够产生较大的应变（0~30%），这说明 FW/SAA1 和 FW/SAA2 具有优异的柔弹性。实验结果表明由于棕榈纤维的加入，FW/SAA 的变形回复能力受到些许的影响。与柔性的 SA 网络承载单元相比，棒状的棕榈作为刚性承载单元能够支撑更大的负荷，但是随着压缩形变的扩散它们无法恢复至原始高度。所以，当棕榈纤维加入后，虽然气凝胶的压缩强度和压缩模量呈现增长趋势，但弹性恢复性能却受到了影响。图 7-10（c）展示了不同气凝胶的 6 次循环压缩测试结果，6 次循环压缩之后，强力均能达到原来的 89.7% 以上（表 7-1），这对于气凝胶在吸附、建筑保温领域和药物传递领域方面的可持续应用提供了足够的保障。为了探索纤维素气凝胶力学性能增强的来源，我们对 SAA 和 FW/SAA 的压缩性能进行了对比。明显可见，强度增强归因于棒状棕榈纤维的加入与海藻酸钠交联性能的致密多孔结构。

7.4.9 SAA 和 FW/SAA 的保温性能分析

为表征 FW/SAA 的保温性能，实验利用红外成像仪捕捉到的 FW/SAA 保温性能测试图，如图 7-11 所示，SAA、FW/SAA 的温度变化曲线如图 7-11 所示。由图 7-11 可以看出相较纯 SAA，FW/SAA 的升温速率明显小于纯 SAA。照射 1min 后，SAA 的温度比 FW/SAA 温度高达约 3℃，照射 25min 后，温度相差大约 10℃，表明添加了棕榈纤维的气凝胶保温性能明显好于纯 SAA。当撤去红外光后，纯 SAA 降温迅速，在撤去红外光 1min 后，温度由 49.0℃ 降至 24.8℃，而 FW/SAA 在撤去红外光 1min 后，温度由 39.1℃ 降至 30.5℃。气凝胶是一种高孔隙率的材料，其内部充满了导热系数仅为 0.023 W/（m·K）的空气，在气凝胶内部形成了很难流动的空间，所以气凝胶材料本身具有优良的保温性能。而添加了棕榈纤维的气凝胶的保温性能更加优良，这是因为棕榈纤维为束纤维，纤维的横截面为蜂窝状的不规则圆形，每根单纤维横截面大小不一，为近椭圆形，有较大的空腔，第 2 章测得棕榈纤维的中空度达 48%，因此制备的 FW/SAA 比 SAA 更适合用作保温材料。

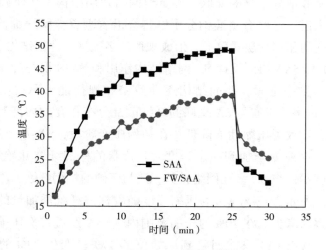

图 7-11　SAA 与 FW/SAA 保温性能曲线图

7.4.10 SAA 和 FW/SAA 的声学性能分析

气凝胶的结构性质具有多孔疏松性，当声波在样品内传播的过程中，多孔疏松的样品会对声波有一定的吸收作用。

为表征棕榈纤维气凝胶的吸声性能采用吸声系数与吸声频率之间的相关性进行分析结果如图7-12所示。结果表明，所有气凝胶样品都具有吸声性能。吸声系数用来表征材料的随机入射声音功率的吸收系数，材料的吸声系数在低频段范围50~100Hz，SAA气凝胶~FW/SAA4气凝胶的吸声系数先增加后较少，其中，FW/SAA4气凝胶的吸声系数达0.94。而FW/SAA5气凝胶的吸声系数在低频范围内的吸声系数由0.7逐渐下降到0.16左右。在频率300~1000Hz，气凝胶的吸声系数小于0.2，因此在这个频率范围内，材料不具有吸声性能。所有气凝胶当频率超过1000Hz后，吸声系数逐步稳步增长。在大约5000Hz处，吸声曲线会达到一个峰值，达到最高吸收峰值0.96，即使纯海藻酸钠气凝胶的吸声系数峰值也达到0.71。气凝胶在频率为1250Hz，1600Hz，2000Hz，2500Hz，3150Hz，4000Hz，5000Hz，6300Hz的吸声系数分别为0.24，0.27，0.32，0.33，0.55，0.64，0.88，0.77，棕榈纤维复合气凝胶的平均吸声系数为0.5，海藻酸钠气凝胶的平均吸声系数为0.43。综上所述棕榈纤维素气凝胶可以用来作为低频和高频声段吸声材料。

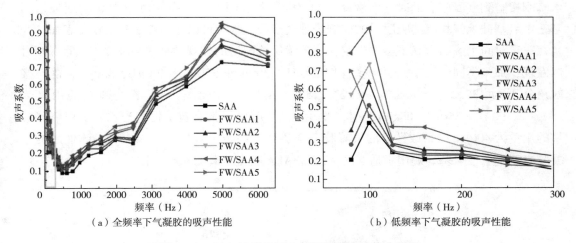

（a）全频率下气凝胶的吸声性能　　　　　（b）低频率下气凝胶的吸声性能

图7-12 SAA与FW/SAA气凝胶吸声性能曲线图

影响材料的吸声性能因素有材料本身的结构、材料的厚度及材质的不同。有文献报道了纤维材料的频率增加吸声系数的情况。例如，16.38mm厚的商用玻璃纤维针刺毡在6300Hz的频率下达到峰值0.62，12mm厚的天然丝瓜瓤纤维毡在6300Hz的频率下达到峰值0.6，20mm厚木棉纤维材料的吸声系数约为0.24，11mm厚的棕榈纤维/PVA非织造材料的吸声系数大约为0.36，实验制备的厚度为10mm的气凝胶材料吸声系数大约为0.5。气凝胶的结构性质具有高孔隙率性，当声波在气凝胶内部传播的过程时，多孔疏松的结构会对声波有一定的吸收作用。因此，气凝胶材料表现出良好吸声和降噪性能，添加了棕榈纤维的气凝胶，减小了气凝胶内部孔隙的尺寸和体积，使得空气在内部传播的路径变得相对狭窄和弯曲，导致声波在气凝胶中穿过时必须花费更长路径，加之棕榈纤维本身的中空结构，致使更多的声能传播时转化为黏附和热能散失，综上所述，FW/SAA较之 SAA 在整体频率范围内的吸声效果有所提高。

不同频率的噪声污染会干扰人们休息、学习和工作。吸声材料是噪声控制主要选用的材料，其通过摩擦和黏滞阻力把声能转换成热能或其他形式的能量，达到降低噪声的目的。日常生活中的建筑材料选择具有吸声功能材料，可以起到吸收噪声，提高建筑材料的隔音效果，提高环境的舒适度，因此具有良好吸声降噪性能的棕榈纤维复合气凝胶，在建筑隔音材料方面具有广阔的应用前景。

7.4.11　SAEA 和 FW/SAEA 的超疏水性能分析

疏水性通常是指在材料表面的静态接触角大于 90°，当水在疏水材料表面的静态接触角大于 150°时称为超疏水。疏水材料表面因具有较低的表面能，对污染物和水的附着力较差，因此具有自清洁、减阻等性能，可以在建筑外墙涂料、防污涂料、油水分离、防雾防冰涂料及人体植入材料等方面有广阔的应用前景。

FW/SAEA 在未改性之前表面含有大量的亲水性羟基，加之表面的多孔结构，所以当水滴刚接触到气凝胶表面时，水滴就会被复合气凝胶吸收，静态接触角为 0°。而经过乙基三甲氧基硅烷气相沉淀吸附后的棕榈纤维气凝胶，水滴可以停留在 FW/SAEA 表面，并且在一定时间水滴的形状不会发生改变，继续保持球形的外观。通过对图 7-13 的观察可以发现，加入不同的乙基三甲氧基硅烷 250μL、300μL、350μL、400μL、450μL，静态接触角分别为 132.2°，138.8°，146.2°，157°，149.4°。当乙基三甲氧基硅烷的用量为250μL、300μL、350μL 和 450μL 时，改性后的气凝胶只具有疏水性，当乙基三甲氧基硅烷的用量为 400μL 时，改性后的气凝胶完全达到了超疏水效果，结果表明，改性后的气凝胶当乙基三甲氧基硅烷用量适当时，FW/SAEA 具有显著的超疏水性。

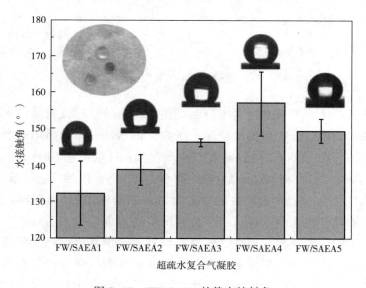

图 7-13　FW/SAEA 的静态接触角

7.5　本章小结

本章为制备具有可持续应用的棕榈纤维素气凝胶材料，以海藻酸钠作为柔性片层，棕榈纤维作为骨架结构形成具有三维网络空间结构的复合气凝胶。选择 SEM，FT—IR，XRD、万能力学材料试验机等测试手段对 FW/SAA 气凝胶的结构和性能进行表征分析，揭示纤维素气凝胶结构优势，为其在保温材料领域的应用提供依据，得到如下结论。

（1）SEM 形貌结果表明，每种气凝胶都表现出多孔结构，纯 SAA 呈现为 3D 网络互穿交联，而 FW/SAA 则是 SA 片层互穿交联结合 WPF 骨架支撑交联的多孔结构，这种多孔结构气凝胶的网络结构可以通过 WPF 的加入进行调控。WPF 与 SA 交联形成的三维网络结构中含有的冰晶在冻干过程中直接升华形成三维多孔结构，WPF 的添加量越多，交联的程度越充分，骨架结构在冻干的过程中越不容易坍塌，所以体积收缩率呈下降趋势。密度和孔隙率具有明显的负相关性，SAA 孔隙率大于 90%。

（2）气凝胶溶胀性能结果表明，SAA 及 FW/SAA1～FW/SAA5 在 5min 左右能迅速地吸水基本达到溶胀平衡，差异的原因是纤维素含量及不同的孔隙率的微观结构综合影响的，随着气凝胶中 WPF 含量的增加，气凝胶达到溶胀平衡时的最大吸水倍率呈上升趋势。FW/SAA 经过 5 次循环吸水挤压后，达到溶胀平衡时的质量仍能维持在 566mg 左右。表明经过重复的挤压，FW/SAA 的内部结构没有被破坏，FW/SAA 具有良好的循环使用性。

（3）红外分析结果表明，SAA 和 FW/SAA 的特征吸收峰位置基本一致，在 3000～3550cm^{-1} 处大而宽的峰表明气凝胶材料上存在大量氢键，可能由于 SA 与 WPF 之间的反应，随着纤维素含量的增加，氢键含量逐渐增加。XRD 衍射结果表明，复合气凝胶没有改变纤维材料的原始结晶本质，这与 FTIR 的分析结果高度一致。

（4）压缩性能结果表明，不同气凝胶的 6 次循环压缩测试结果，6 次循环压缩之后，强力均能达到原来的 91.8% 以上，气凝胶强度的增强的来源归因于棒状 WPF 的加入与 SA 交联性能的致密多孔结构，这为 FW/SAA 在吸附、建筑保温领域和药物传递领域方面的可持续应用提供了足够的保障。

（5）保温性能结果表明，当撤去红外光后，纯 SAA 降温迅速，在撤去红外光 1min 后，温度由 49.0℃ 降至 24.8℃，而 FW/SAA 在撤去红外光 1min 后，温度由 39.1℃ 降至 30.5℃。气凝胶是一种高孔隙率的材料，其内部充满了导热系数仅为 0.023W/（m·K）的空气，在气凝胶内部形成了很难流动的空间，所以气凝胶材料本身具有优良的保温性能。而添加了具有中空度的棕榈纤维气凝胶的保温性能更加优良，因此制备的复合气凝胶作为高性能保暖材料。

（6）吸声性能结果表明，棕榈纤维复合气凝胶的平均吸声系数为 0.5，海藻酸钠气凝胶的平均吸声系数为 0.43，FW/SAA 可以用来作为低频和高频声段吸声材料，在建筑隔音材料方面具有广阔的应用前景。

（7）疏水整理结果表明，当乙基三甲氧基硅烷的用量为 400μL 时，改性后的气凝胶完全达到超疏水效果，说明改性后的气凝胶当乙基三甲氧基硅烷的用量适当时，气凝胶具有显著的超疏水性，可以实现在油水分离领域的潜在应用。

第8章 棕榈纳米纤维气凝胶的制备及表征

8.1 引言

纳米纤维素气凝胶是由纳米纤维素溶液经非常规干燥方式，用空气取代溶剂相而制成的多孔材料，在干燥过程中材料保持原有网络结构而不塌陷。纤维素气凝胶具有低密度、高孔隙率、表面化学基团可调等优越性能，因而可应用在吸附和环境净化、保温、生物医学支架等领域。棕榈纤维作为一种纤维素是光合作用的副产品，来源丰富，将其制成纳米纤维具有优异的力学性能、高比表面积可提高吸附能力，然而纳米纤维作为吸附剂缺乏特定分子的强结合位点，以及分离吸附后的纳米材料需要高速离心，限制了纳米纤维在吸附领域的应用，将棕榈纳米纤维（AP-WPNF）悬浊液经过高压匀质凝胶化，再经便捷的冷冻干燥法可形成具有优异性能的棕榈纳米纤维气凝胶材料（HPHNA）。

本章以第5章过硫酸铵氧化法制备的纳米纤维为原料，辅以高压匀质凝胶法，即过硫酸铵氧化法—高压匀质联合处理法制备 HPHNA，为了准确研究 HPHNA 的形成机理和应用基础，需要对 HPHNA 的形貌特征、晶型结构、结晶度、力学性能、热稳定性等结构和性能的演变进行表征和分析。

8.2 棕榈纳米纤维气凝胶的制备

8.2.1 实验材料
实验材料使用第5章过硫酸铵氧化法制备的纳米纤维。

8.2.2 实验仪器
实验主要仪器有烧杯、玻璃棒、量筒、三口烧瓶等，Scientz-150 高压匀质机。

8.2.3 实验过程
高压匀质法制备高比表面积棕榈纳米纤维气凝胶：取第3章过硫酸铵氧化法制备的棕榈纳米纤维用去离子水配制成质量分数分别为 1%、1.5%、2%、2.5%、3%、3.5%的溶液，在 80MPa（800bar）的压力下高压匀质 5 次，得到不同棕榈纳米纤维含量的水凝胶，将获得的纳米纤维素悬浊液分别倒入 50mm 圆柱形尿杯和直径 15mm 的培养皿中，置于超低温冰箱（-80℃）中预冷冻 6h，取出尿杯和培养皿后迅速放入冷冻干燥机中进行干燥，在-80℃，5MPa 条件下冷冻干燥 36h，将冷冻后的水凝胶冰晶直接从固相升华为气相，充分干燥后得到不同形貌的高比表面积超轻棕榈纳米纤维气凝胶分别标记为 HPHNA1、HPHNA2、HPHNA3、HPHNA4、HPHNA5、HPHNA6。

8.3　棕榈纳米纤维气凝胶的表征

将 HPHNA 样品借助导电胶整齐贴于电镜台上，喷金 3min 后置于 Quanta 250 FEG 型场发射扫描电镜（FEI 公司，美国）真空腔中，在 15kV 电压下，低真空模式下观察样品表面形貌。体积收缩率利用水凝胶的体积与 HPHNA 体积的差值与水凝胶的体积之比获得。水凝胶的高度用直尺量取不同水凝胶样品在尿杯中的高度记为 h（mm），水凝胶的直径用直尺量取不同水凝胶样品的尿杯底部直径记为 d（mm），每个样品测量 3 次取平均值。通过利用游标卡尺准确测量 HPHNA 的直径标记为 d_0（mm）、高标记为 h_0（mm），每个样品测量 3 次取平均值。体积收缩率 v_s 计算见式（8-1）。

$$v_s = \frac{d^2h - d_0^2h_0}{d^2h} \times 100\%$$ (8-1)

密度的测量采用质量与体积之比得到。利用电子天平称取圆柱体 HPHNA 质量标记为 m_0（mg），利用游标卡尺准确测量气凝胶的直径标记为 d_0（mm）、高标记为 h_0（mm），每个样品测量 3 次取平均值。HPHNA 密度 ρ 计算见式（8-2）。

$$\rho = \frac{4m_0}{\pi d_0^2 h_0}$$ (8-2)

孔隙率的测定采用有机溶剂乙醇置换法，在室温条件下，将一质量为 W_0 的 HPHNA 浸没在装有一定体积（V_0）乙醇的量筒中，采用抽真空排出 HPHNA 多孔结构中残存的气泡，浸没 5min 后，记录体积为 V_1。最后，从量筒中取出气凝胶，剩下的乙醇体积记录为 V_2。HPHNA 的骨架为（V_1-V_0），HPHNA 的孔隙体积为（V_0-V_2），HPHNA 的总体积为 $V=(V_1-V_0)+(V_0-V_2)=V_1-V_2$，孔隙率 P 的计算见式（8-3）。

$$P = \frac{V_0-V_2}{V_1-V_2} \times 100\%$$ (8-3)

为分析过硫酸铵氧化法制备的纳米纤维及其 HPHNA 的晶体结构，将样品剪碎研磨得到均匀粉末。采用 D8 Advance 型射线衍射仪（布鲁克 AXS，德国）在 40kV 电压、30mA 电流条件下测定各样品的晶体结构。扫描步长为 0.04°，扫描范围为 $2\theta=5°\sim45°$。样品的结晶度 CrI 的计算见式（8-4）。

$$CrI = \frac{I_{002}-I_{am}}{I_{002}} \times 100\%$$ (8-4)

式中：I_{002} 为纤维素晶体 002 晶格面的最大衍射强度峰值（$2\theta=22.6°$）；I_{am} 为纤维素

非晶区的衍射强度峰值（$2\theta = 16.7°$）。

为测试 HPHNA 的热稳定性，利用 Diamond 5700 TG—DTA 热分析仪（Perkin-Elmer，USA）测试，升温速度 $10℃/min$，升温范围 $50 \sim 500℃$，N_2 流量 $20mL/min$。依据 GB/T 16421—2006 检测 HPHNA 的压缩强度，将直径为 5cm 气凝胶统一制备成高度为 15cm 的样品，置于 INSTRON-3365 万能力学材料试验机（INSTRON，USA）样品台上，以 $6mm/min$ 的下降速度测定压缩强度。利用型号为 K-50HB 型手动拉压力测试仪对 HPHNA 样品进行压缩—回复测试，压缩一定高度后撤销压力使其自然回复，通过回复率分析其压缩—回复性能。依据 GB/T 19587—2004，利用 QUADRASORB SI 全自动比表面积与孔隙率分析仪，在 100℃ 条件下进行脱气 12h，然后利用 N_2 良好的可逆吸附特性进行吸附/脱附实验，脱气结束后对 HPHNA 进行比表面积、孔体积以及孔径分布进行分析。

8.4　结果与讨论

8.4.1　HPHNA 的形貌分析

图 8-1 为不同棕榈纳米纤维添加量的 HPHNA 的 SEM 图。

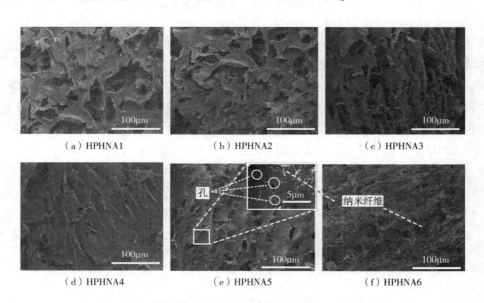

（a）HPHNA1　　　　（b）HPHNA2　　　　（c）HPHNA3

（d）HPHNA4　　　　（e）HPHNA5　　　　（f）HPHNA6

图 8-1　不同棕榈纳米纤维添加量的 HPHNA 的 SEM 图

8.4.2　HPHNA 的体积收缩率分析

实验制得的水凝胶体积平均为 $51.7mm^3$，棕榈纳米纤维水凝胶的体积在真空冷冻干燥后会发生一定程度的收缩，体积收缩的程度用体积收缩率来表示，图 8-2 的结果表明，棕榈纳米纤维含量不同导致 HPHNA 的体积收缩率也有所不同，HPHNA 在干燥的过程中，由于纤维素交联形成的三维网络结构中含有的冰晶在冻干过程中直接升华从而形成网络多孔结构，WPNF 的含量多，HPHNA 交联的程度越高，骨架结构在冻干的过程中越不容易坍塌，所以体积收缩率呈下降趋势。当 WPNF 的含量达到临界值后，过多的 WPNF 影响高压匀质过程中纤维素大分子链的凝胶化及凝胶结构在冻干过程中的体积收缩程度，因而 HPHNA 体积收缩率下降的不明显。

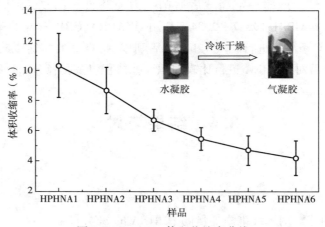

图 8-2　HPHNA 体积收缩率曲线

8.4.3　HPHNA 的密度和孔隙率分析

实验结果表明，HPHNA 的质量随着 WPNF 的含量的增加呈现不断增加的趋势。如图 8-3 所示，密度和孔隙率具有明显的负相关性。随着 WPNF 的含量增加，气凝胶的密度呈上升趋势，然而孔隙率却呈不断下降的趋势，HPHNA 的孔隙率最低，但也保持在 90% 以上。结果表明，HPHNA 中纳米纤维的含量是制备理想密度和孔隙率的气凝胶重要参数之一。

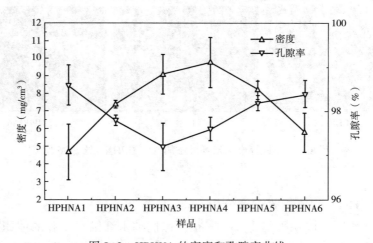

图 8-3　HPHNA 的密度和孔隙率曲线

8.4.4　HPHNA 的 X 射线衍射分析

过硫酸铵氧化法制备的纳米纤维素（AP-WPNF）和 HPHNA 的 XRD 衍射图谱和结晶度如图 8-4 所示，XRD 衍射数据和结晶度数据见表 8-1。从图中可以看出，无论是纳米纤维还是纳米纤维气凝胶，2θ 大约在 15.4°，16.4°，22.6°，34.7°具有四个显著的 X 射线衍射峰，这些峰分别对应纳米纤维和纳米纤维气凝胶的 101、10$\bar{1}$、002、004 晶面，这些峰对应的是典型的纤维素 I 的晶面特征峰。从图中可以观察得出不同纳米纤维添加量的气凝胶具有相似的 XRD 曲线，表明纳米纤维的添加量对纳米纤维气凝胶的晶形结构没有产生太大的影响，这表明，过硫酸铵氧化辅助高压匀质的方法制备得到的纳米纤维气凝胶，纤维素自身的构型没有受到破坏。

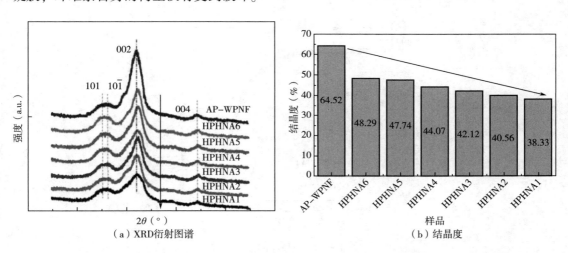

（a）XRD衍射图谱　　　　　（b）结晶度

图 8-4　AP-WPNF 和 HPHNA 的 XRD 衍射图谱和结晶度

表 8-1　AP-WPNF 和 HPHNA 的 XRD 衍射数据和结晶度数据

样品	峰位置（2θ）	I_{am}	峰位置（2θ）	I_{002}	CrI（%）
AP-WPNF	16.5	2183	22.6	5826	64.52
HPHNA6	16.4	2188.5	22.6	4232.5	48.29
HPHNA5	16.5	2182.5	22.8	4176.5	47.74
HPHNA4	16.7	1768.5	22.7	3162.5	44.07
HPHNA3	16.5	2566.25	22.7	4434.25	42.12
HPHNA2	16.4	2535.5	22.6	4265.5	40.56
HPHNA1	16.4	1804.75	22.7	2926.75	38.33

根据式（8-4）计算得到 AP-WPNF 和 HPHNA 的结晶度，AP-WPNF 的结晶度为64.52%，1.0%（质量分数，后同）、1.5%、2.0%、2.5%、3.0%、3.5% HPHNA 的结晶度分别为 38.33%、40.56%、42.12%、44.07%、47.74%、48.29%。实验结果表明，

经过高压匀质处理后 HPHNA 的结晶度都有所下降，且伴随 AP-WPNF 添加量的降低，结晶度下降明显，这是由于高压匀质过程破坏了一部分的纳米纤维的结晶结构，导致结晶度整体下降，而且纳米纤维的含量越少，破坏的程度越大，无定形区的含量增加，有利于水分的渗透吸收，为增加材料的吸附性能奠定了基础。

8.4.5 HPHNA 的热行为分析

为测试不同纳米纤维含量的 HPHNA 热稳定性，采用如图 8-5 所示的 HPHNA 热重曲线进行分析。HPHNA 热重分析实质是 AP-WPNF 在受热过程发生的热降解过程，AP-WPNF 具有尺寸小、比表面积大、活性强等优点，探究 HPHNA 经过硫酸铵和高压匀质处理后 AP-WPNF 的热降解性能对于 HPHNA 的应用具有指导意义。

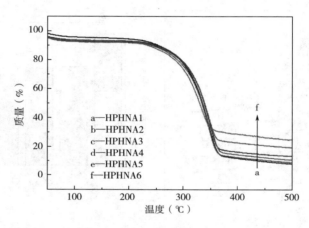

图 8-5　HPHNA 的热学性能

如图 8-5 所示，HPHNA 的热降解过程分为三个阶段。第一阶段是 100~200℃，一般称为初始升温阶段，HPHNA1~HPHNA6 均在这段升温过程中有 5% 左右的失重，此处的失重为 HPHNA 蒸发物理吸附的水分。第二阶段是 150~360℃，主要是纤维素的热解阶段，包括葡萄糖分子链的解聚、脱水和分解，最终形成炭化残留物。在 150~200℃ 范围为升温活化阶段，在这阶段里 HPHNA 质量均在减少，但是减少速度缓慢，约为 4% 的失重。此处的失重是纤维素大分子中的部分葡萄糖基开始脱水，将葡萄糖单元 C-2 位上的活泼性醇羟基脱除，产生比羟基更活泼的羰基或者羧基等活性官能团，这个阶段是 AP-WPNF 晶体的活化过程。200~360℃，作为 HPHNA 主要失重阶段，失重在 70%~80% 范围。这一阶段的失重是 AP-WPNF 中的 β-1,4 糖苷键的首先断裂，并伴随着部分的 C—O 和 C—C 键的断裂，进而在高温环境下，最终热解为 CO、CO_2、H_2O 等气体，残余部分进行芳环化，并逐步形成石墨结构。第三阶段为 360~500℃，此阶段一般为炭化残留物氧化分解为低分子量的气体产物。

由图可见，纯 HPHNA 的质量残余率随着 AP-WPNF 的增加失重率较少，分解速度减少，进一步证明 HPHNA1~HPHNA6 结构逐渐趋于紧致、热稳定性变得平稳，这与扫描电镜观察的形貌相互呼应。

8.4.6　HPHNA 的力学性能分析

从可持续发展应用的角度出发，材料的耐久性和可循环性与材料的机械强度和柔韧度密切相关，所以力学性能成为评价多孔超轻气凝胶材料重要的性能指标之一。实验为了探究 HPHNA 的机械强度以拓展材料的可应用性，选取 HPHNA1~HPHNA6 展现出的压缩强度和压缩模量以及压缩 6 次表现出的能够恢复原始能力进行表征，力学性能如图 8-6 所示。

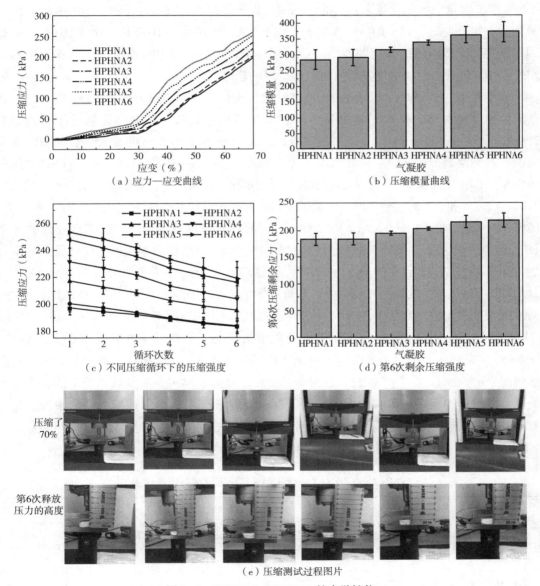

图 8-6　HPHNA1~HPHNA6 的力学性能

对 15mm 高圆柱形的 HPHNA1～HPHNA6 进行轴向压缩性能测试，压缩应变（ε）设置为 70%。如图 8-6（a）所示，AP-WPNF 显著提高了 HPHNA 的力学性能。压缩过程中可以观察到两个明显的阶段：在 20%<ε<30% 内的线弹性区域和 30%<ε<70% 内的压缩致密区域，这是由压缩过程中多孔结构单元和 AP-WPNF 网络互穿凝胶骨架协调承担载荷造成的，HPHNA1～HPHNA6 随着 AP-WPNF 含量的增加，压缩致密区域整体呈上升趋势，压缩强度［图 8-6（a）］和压缩模量［图 8-6（b）］均呈现稳步增长趋势，并在 HPHNA5 中几乎达到上限，HPHNA6 增长趋势不再明显，压缩强度分别为 254.4kPa 和 260.7kPa，压缩模量分别为 363.4kPa 和 372.4kPa。这种压缩强度的变化规律说明随着 AP-WPNF 含量的增加，越来越多的纤维刚性骨架结构单元被加入，但当 AP-WPNF 的含量到达一定程度时，过多的 AP-WPNF 不能参与凝胶的网络结构单元，导致 HPHNA 多孔网络互穿骨架承担压缩载荷的能力降低，因而 HPHNA1～HPHNA6 承受的压缩强度随着 AP-WPNF 含量的增加呈现先增加后趋于平缓的趋势。

如图 8-6（c）和（d）所示，HPHNA 的压缩强度可达 250kPa，HPHNA1～HPHNA6 的压缩强度随着 AP-WPNF 添加量的增多而呈增加的趋势，然而弹性却逐渐减少。在 70% 的压缩范围内，HPHNA1 经过首次压缩之后能够回复至原高度的 95%，而 HPHNA6 只能回复到原始值的 77%，产生 23% 的永久变形。并且 1.0% 和 1.5% AP-WPNF 浓度的 HPHNA 在相对较低的应力（0～15kPa）作用下，能够产生较大的应变（0～30%），2.0%、2.5% 和 3.0% AP-WPNF 浓度的 HPHNA 在相对较低的应力（0～20kPa）作用下，能够产生较大的应变（0～28%），3.5% AP-WPNF 浓度的 HPHNA 在相对较低的应力（0～30kPa）作用下，能够产生较大的应变（0～25%），这说明 HPHNA 具有优异的柔弹性，随着 AP-WPNF 含量的增加，柔弹性呈下降趋势。实验结果表明由于 AP-WPNF 的含量增加，HPHNA 的变形回复能力受到些许的影响，随着压缩形变的扩散 HPHNA1～HPHNA6 无法恢复至原始高度如图 8-6（e）所示。所以，当 AP-WPNF 加入后，虽然 HPHNA1～HPHNA6 的压缩强度和压缩模量呈现增长趋势，但弹性恢复性能却受到了影响。图 8-6（c）展示了不同气凝胶的 6 次循环压缩测试结果，6 次循环压缩之后，强力均能达到原来的 80% 以上（表 8-2），这对于气凝胶在吸附、建筑保温领域和药物传递领域方面的可持续应用提供了足够的保障。为了探索纤维素气凝胶力学性能增强的来源，我们对 HPHNA1～HPHNA6 的压缩性能进行了对比。明显可见，强度增强是由于棒状 AP-WPNF 加入形成了凝胶网络致密多孔结构。

表 8-2　HPHNA1～HPHNA6 的压缩强度与压缩模量　　　　　　　单位：kPa

样品	压缩应力	压缩模量	压缩第 6 次后的应力
HPHNA1	199.4	284.9	183.4
HPHNA2	204.0	291.4	183.6
HPHNA3	221.6	316.6	195.0

样品	压缩应力	压缩模量	压缩第 6 次后的应力
HPHNA4	237.0	338.6	203.8
HPHNA5	254.4	363.4	216.2
HPHNA6	260.7	372.4	218.8

8.4.7　HPHNA 的比表面积分析

图 8-7 中（a）和（b）为 HPHNA5 的 N_2 吸附—脱附等温线和孔隙分布图，两者皆为Ⅳ型模型。HPHNA5 的孔隙大小主要分散在 5~40nm，集中在 20~30nm，总孔体积为 $0.066cm^3/g$，比表面积为 $32.18m^2/g$，比文献中用于吸附重金属离子的气凝胶的比表面积大，这也是 HPHNA5 具有良好吸附容量的原因之一。

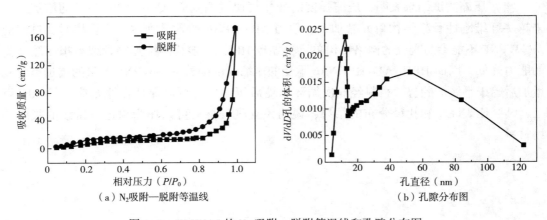

（a）N_2吸附—脱附等温线　　　　（b）孔隙分布图

图 8-7　HPHNA5 的 N_2 吸附—脱附等温线和孔隙分布图

8.5　本章小结

本章通过悬浊液—注模成型—高压匀质凝胶化—冷冻干燥等步骤将 AP-WPNF 制成了具有优异的力学性能、高比表面积的 HPHNA 气凝胶材料。为了准确研究 HPHNA 的形成机理和应用基础，对 HPHNA 的形貌特征、晶型结构、结晶度、力学性能、热稳定性等结构和性能的演变进行表征和分析的结果如下。

（1）采用第 5 章制备的 AP-WPNF 线状纤维结构为功能添加剂，将其制成不同浓度的悬浊液，待分散均匀经高压匀质凝胶化后，纳米纤维自组装形成均匀的水凝胶，将其制成形状可控的 HPHNA 材料。

（2）SEM 表征结果表明，HPHNA1~HPHNA6 由原来松散无规律的孔洞逐渐演变为有规律的片层网络互穿结构，这与 AP-WPNF 的添加量有关，当 AP-WPNF 的含量在 2.5%～3%时，经过高压匀质后形成黏度良好的水凝胶，经过冷冻干燥后形成片层表面光滑，孔洞均匀的气凝胶，而片层表面形成尺度明显小于纤维片层间的孔洞。当 AP-WPNF 含量超过 3%时，片层间的孔洞逐渐变小，孔洞逐渐变得致密起来。纳米纤维的含量多，HPHNA 交联的程度越高，骨架结构在冻干的过程中越不容易坍塌，所以体积收缩率呈下降趋势。密度和孔隙率具有明显的负相关性，HPHNA 孔隙率保持在 90%以上。

（3）XRD 结果表明，经过高压匀质处理后气凝胶的结晶度都有所下降，且伴随 AP-WPNF 的降低，结晶度下降明显，这是由于高压匀质过程破坏了一部分的纳米纤维的结晶结构，导致结晶度整体下降，而且纳米纤维的含量越少，破坏的程度越大，无定形区的含量增加，有利于水分的渗透吸收，为增加材料的吸附性能奠定了基础。热稳定性结果表明，HPHNA 的质量残余率随着 AP-WPNF 的增加失重率较少，分解速度减少，进一步证明 HPHNA1～HPHNA6 结构逐渐趋于紧致、热稳定性变得平稳。

（4）压缩测试结果表明，压缩强度的变化规律说明随着 AP-WPNF 含量的增加，越来越多纤维刚性骨架结构单元被加入，但当 AP-WPNF 的含量到达一定程度时，过多的 AP-WPNF 不能参与凝胶的网络结构单元，导致 HPHNA 多孔网络互穿骨架承担压缩载荷的能力降低，因而 HPHNA1～HPHNA6 承受的压缩强度随着 AP-WPNF 含量的增加呈现先增加后趋于平缓的趋势，材料经 6 次循环压缩后压缩应力可以保持在原始应力的 80%以上，结合比表面积和孔径分布的结果，说明该气凝胶材料可以作为绿色可持续的吸附应用材料。

第9章 棕榈纳米纤维气凝胶的吸附性能研究

9.1 引言

近年来，环境污染问题日益严峻，化学污染物，特别是有机染料和重金属离子对生态系统和环境的重大影响，成为全球关注热点。对于环保型吸附剂的开发和研究仍然面临一些重大挑战。高效的吸附过程要求材料具有良好的渗透性和吸附效果，良好的吸附效果与材料本身的吸附容量和连续流动下的吸附速率有关，连续流动下的吸附速率要求材料有大的贯穿孔洞结构才能保证吸附过程水的低阻力流实现高通量。所以，探究纳米纤维气凝胶吸附剂在高通量的条件下实现有效去除有机污染物和重金属离子的能力，实现在水净化领域的应用是一项具有挑战意义的工作。

本章重点对纳米纤维气凝胶吸附性能进行详细分析。吸附动力学研究的是表面能较大的材料在吸附过程中的吸附速率，能够准确反应不同吸附时间对应的吸附容量，然后采用线性回归法来确定最优拟合动力学速率方程，从而考察吸附剂结构与吸附效果之间的关系，是研究吸附行为的重要方法。吸附等温线研究的是保持温度及压力恒定的条件下，吸附过程达到平衡时溶液浓度与吸附容量的关系曲线，吸附等温线可预测吸附剂在一定浓度的溶液中的饱和吸附容量，对研究明确吸附剂和吸附质之间的吸附机理至关重要。吸附热力学通过测定吸附过程的能量变化，可以推断吸附过程的主要作用力，有助于判断吸附机理。再生性则是考察所有吸附剂是否可重复利用的一项重要指标，尤其是面临当今推崇"绿色环保、可持续发展"的社会，再生性更显得尤为重要。

本章研究的是 HPHNA 在纳米纤维的高比表面积和气凝胶材料的多孔网络结构的协同作用下对染料和重金属离子具有良好的吸附效果。为了探讨 HPHNA 对染料和重金属离子的吸附能力，本章选择阳离子染料（亚甲基蓝，MB；罗丹明，RH）、四种重金属离子 Zn^{2+}、Ni^{2+}、Cr^{3+} 和 Cd^{2+} 作为吸附对象，采用单因素分析法探究 pH、吸附剂的用量、吸附时间、吸附温度以及不同染料的初始浓度对吸附性能的影响，并利用吸附动力学、吸附等温线和吸附热力学拟合吸附过程，得出吸附模型参数，有助于探索 HPHNA 的吸附机理。利用吸附机理指导后续的回收再利用研究，得出 HPHNA 的再生性能，对于塑造具有吸附性能的 HPHNA 具有重要意义。

9.2 棕榈纳米纤维气凝胶的元素分布测定与吸附实验

9.2.1 实验材料

吸附剂为第 5 章制备的 HPHNA，亚甲基蓝（MB），罗丹明（RH），氢氧化钠（NaOH），盐酸（HCl），三水硝酸铜 [$Cu(NO_3)_2 \cdot 3H_2O$]、六水硝酸镍 [$Ni(NO_3)_2 \cdot 6H_2O$]、四水硝酸镉 [$Cd(NO_3)_2 \cdot 4H_2O$]，九水硝酸铬 [$Cr(NO_3)_3 \cdot 9H_2O$] 和醋酸钠缓冲溶液，均来自国药集团化学试剂有限公司。四种重金属离子 Zn^{2+}、Ni^{2+}、Cr^{3+} 和 Cd^{2+} 的标准溶液（5mg/L、20mg/L、50mg/L），均购于阿拉丁试剂（上海）有限公司。

9.2.2 实验仪器

主要实验仪器见表 9-1。

表 9-1　主要实验仪器

仪器	生产单位
BSA224S 分析天平	赛多利斯科学仪器（北京）有限公司
SHA-B 水浴振荡器	上海力辰仪器科技有限公司
Quanta 250 FEG 型场发射环境扫描电子显微镜	美国 FEI 公司
TU-1810 紫外分光光度计	北京普析通用仪器有限责任公司
Nano-SZ90 Zetasizer	浙江捷盛制冷科技有限公司
ICAP6000-电感耦合等离子体光谱仪（ICP-OES）	美国赛默飞世尔科技公司

本实验常用仪器有烧杯、玻璃棒、量筒、胶头滴管、台式 pH 计、三口烧瓶、针式过滤器（针头孔径 0.22μm）等。

9.2.3 HPHNA 的元素分布测定

将高压匀质棕榈纳米纤维气凝胶（HPHNA）吸附后的样品借助导电胶将硅片贴于电镜台上，而后置于 Quanta 250 FEG 型场发射环境扫描电子显微镜（FEI 公司，美国）真空腔中，在 5kV 电压下观察样品表面元素分布情况。

9.2.4 HPHNA 的吸附实验

9.2.4.1 HPHNA 对染料的吸附实验

（1）染料的浓度实验。对于染料亚甲基蓝、罗丹明，利用紫外分光光度计（北京普析通用仪器有限责任公司，TU-1810）对不同染料进行光谱扫描（波段为 300~700nm），获得不同染料对紫外光的最大吸收波长。染料溶液分别配置 5~50mg/L 范围等浓度梯度，测得最大波长处吸光度值，进而获得染料浓度和吸光度的关系曲线。

（2）染料的吸附实验。将一定量纳米纤维气凝胶投入 500mg/L 不同染料的去离子水溶液 100mL 中，水浴振荡器中振荡 0~12h 后，采用紫外分光光度计测量吸附后的上层清液在相应波长下的吸光度，利用染料浓度和吸光度的关系曲线拟合出染料浓度和吸光度方程获得吸附后染料浓度，利用按照式（9-1）计算其吸附容量 A。

$$A = \frac{(N_0 - N_e) \times V}{m} \tag{9-1}$$

式中：N_0 为吸附前染料溶液的浓度（mg/L）；N_e 为吸附后染料溶液的浓度（mg/L）；V 为溶液的体积（L）；m 为气凝胶质量（g）；A 为吸附容量（mg/g）。

（3）染料的吸附动力学实验。用 NaOH 溶液调节亚甲基蓝染料溶液的 pH 为 12，用 HCl 溶液调节罗丹明染料溶液的 pH 为 4，将 1.5g 的气凝胶吸附剂置于 200mL 的亚甲基蓝和罗丹明溶液中。30℃条件下，染料初始浓度分别选定为 500mg/L，振荡吸附时间分别为 60min、120min、240min、360min、480min、600min、720min 梯度时取上层清液利用紫外分光光度计测定溶液吸光度并按式（9-1）计算吸附容量。

（4）染料等温吸附实验。用 NaOH 溶液调节亚甲基蓝染料溶液的 pH 为 12，用 HCl 溶液调节罗丹明染料溶液的 pH 为 4，将 1.5g 气凝胶吸附剂置于浓度分别为：50mg/L、120mg/L、240mg/L、360mg/L、480mg/L、600mg/L 的亚甲基蓝和罗丹明溶液中，吸附 10h 时分别取上层清液利用紫外分光光度计测定溶液吸光度并按式（9-1）计算吸附容量。

（5）吸附热力学实验。通过测定纳米纤维在不同温度下 20℃、30℃、40℃（293K、303K、313K）对亚甲基蓝染料和罗丹明染料的吸附情况，作出吸附等温线，再根据吸附等温线拟合出 R_L，根据 $\ln R_L$—T^{-1} 做出吸附等量线，用线性回归法求出各染料吸附容量所对应的斜率和截距，计算出不同吸附容量时的吸附吉布斯自由能 ΔG、吸附焓 ΔH 和吸附熵 ΔS。

9.2.4.2　HPHNA 对重金属离子的吸附实验

（1）重金属离子的浓度实验。根据所购标准溶液，在 ICP 6000 DUO 电感耦合等离子体发射光谱仪（赛默科技，美国）上拟合出 Zn^{2+}、Ni^{2+}、Cr^{3+} 和 Cd^{2+} 的标准曲线。然后根据重金属离子溶液的浓度，将吸附前后的重金属离子溶液稀释至 5~50mg/L，ICP-OES 即可检测出重金属离子浓度的 N_s，根据式（9-2）可推测出实际浓度 N。

$$N = \frac{N_s \times m \times n}{V} \tag{9-2}$$

式中：N 为重金属离子溶液吸附前后的浓度（mg/L）；N_s 为实测重金属离子浓度（mg/L）；m 为投入溶液中气凝胶的质量（g）；V 为吸附实验用的重金属离子溶液的体积（L）；n 为原始溶液稀释到用于测量的溶液浓度倍数。

（2）重金属离子的吸附实验。将一定量的纳米纤维气凝胶投入 500mg/L 的某重金属离子溶液（100mL）中，水浴振荡器中振荡 0～12h 后，取吸附后上层清液采用 ICP-OES 测量重金属离子的浓度，按照式（9-3）计算吸附容量 A。

$$A = \frac{(N_0 - N_e) \times V}{m} \tag{9-3}$$

式中：A 为吸附容量（mg/g）；N_0 为吸附前重金属离子溶液浓度（mg/L）；N_e 为吸附后重金属离子溶液浓度（mg/L）；V 为溶液体积（L）；m 为气凝胶质量（g）。

（3）吸附剂气凝胶的再生性实验。将吸附后的气凝胶吸附剂过滤并转移至 0.05mol/L HCl 的洗脱液中，置于 30℃ 下水浴振荡 4h。解吸附后，反复洗涤气凝胶数次后烘干至恒重得到再生的气凝胶。为了表征材料的可再生能力，分别对气凝胶进行连续前 5 次解吸附后的材料按照式（6-3）计算其吸附容量。

（4）重金属离子的吸附动力学实验。用 NaOH 溶液调节亚甲基蓝染料溶液的 pH 为 12，用 HCl 溶液调节罗丹明染料溶液的 pH 为 4，将 1.5g 气凝胶吸附剂置于 200mL 的重金属离子溶液中。30℃ 条件下，重金属离子初始浓度均设定为 500mg/L，振荡吸附时间分别为 60min、120min、240min、360min、480min、600min、720min 梯度时取上层清液，利用 ICP-OES 测量重金属离子的浓度，并按照式（9-3）计算吸附容量。

（5）重金属离子等温吸附实验。用 NaOH 溶液调节亚甲基蓝染料溶液的 pH 为 12，用 HCl 溶液调节罗丹明染料溶液的 pH 为 4，将 1.5g 气凝胶吸附剂置于浓度分别为 50mg/L、120mg/L、240mg/L、360mg/L、480mg/L、600mg/L 的亚甲基蓝和罗丹明溶液中，吸附 10h 时分别取上层清液利用 ICP-OES 测量重金属离子的浓度并按照式（9-3）计算吸附容量。

（6）吸附热力学实验。通过测定纳米纤维气凝胶在不同温度下 293K、303K、313K 对 Zn^{2+}、Ni^{2+}、Cr^{3+} 和 Cd^{2+} 的吸附情况，作出吸附等温线，再根据吸附等温线拟合出相关系数 R_L，根据 $\ln R_L$—T^{-1} 做出吸附等量线，用线性回归法求出各重金属离子的吸附容量所对应的斜率和截距，计算出不同吸附容量时的吸附吉布斯自由能 ΔG、吸附焓 ΔH 和吸附熵 ΔS。

9.3　结果与讨论

9.3.1　HPHNA 吸附重金属离子的 EDS 能谱分析

HPHNA 吸附重金属离子的能谱图如图 9-1～图 9-4 所示。

图 9-1（a）～（d）是对吸附 Zn^{2+} 后的棕榈纳米纤维气凝胶吸附剂执行的 EDS 扫描，图 9-2（a）～（d）是对吸附 Ni^{2+} 后的棕榈纳米纤维气凝胶吸附剂执行的 EDS 扫描，图 9-3（a）～（d）是对吸附 Cr^{3+} 后的棕榈纳米纤维气凝胶吸附剂执行的 EDS 扫描，图 9-4（a）～（d）是对吸附 Cd^{2+} 后的棕榈纳米纤维气凝胶吸附剂执行的 EDS 扫描。

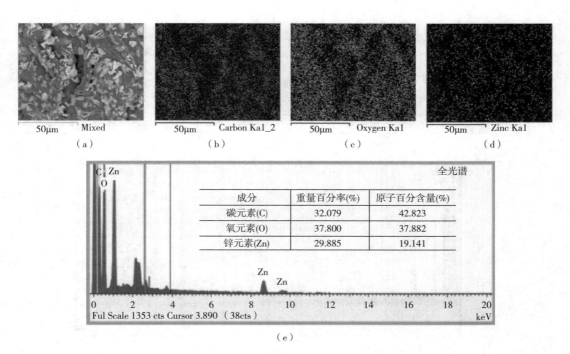

图 9-1　HPHNA 吸附 Zn^{2+} 能谱图

（a）～（d）HPHNA 吸附 Zn^{2+} 元素分布图（标尺为 50μm）　　（e）EDS 光谱图

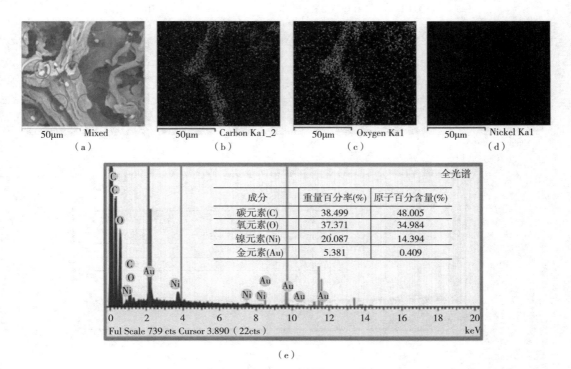

图 9-2　HPHNA 吸附 Ni^{2+} 能谱图

（a）～（d）HPHNA 吸附 Ni^{2+} 元素分布图（标尺为 50μm）　　（e）EDS 光谱图

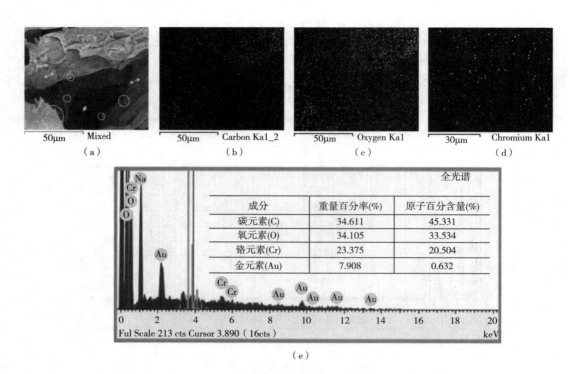

图 9-3　HPHNA 吸附 Cr^{3+} 能谱图

（a）~（d）HPHNA 吸附 Cr^{3+} 元素分布图（标尺为 50μm）　（e）EDS 光谱图

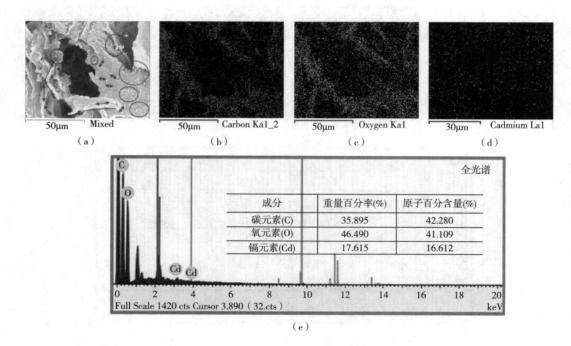

图 9-4　HPHNA 吸附 Cd^{2+} 能谱图

（a）~（d）HPHNA 吸附 Cd^{2+} 元素分布图（标尺为 50μm）　（e）EDS 光谱图

通过观察四幅能谱图可以看出，C 和 O 元素来源于纤维素的主要组分，Zn^{2+}、Ni^{2+}、Cr^{3+}、Cd^{2+} 颗粒均匀地镶嵌在气凝胶表面，这与纳米纤维气凝胶具有的吸附效果高度一致。此外，锌离子颗粒渗透在纳米纤维形成的缝隙和孔洞表面，说明纳米纤维的比表面积极具吸附效果。进一步的吸附机理后面会详细研究。

9.3.2　HPHNA 对染料的吸附性能分析

9.3.2.1　染料最大吸光度对应的波长确定及浓度—吸光度标准曲线的确定

不同染料对紫外光的最大吸光度对应的波长如图 9-5 所示，不同染料浓度和最大波长处吸光度的关系曲线，即浓度—吸光度标准曲线如图 9-6 所示。

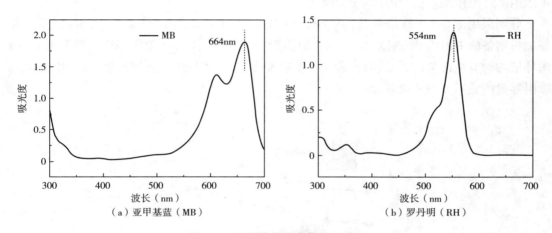

（a）亚甲基蓝（MB）　　　　　（b）罗丹明（RH）

图 9-5　不同染料的紫外光光谱图

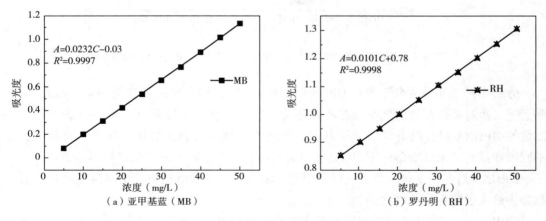

（a）亚甲基蓝（MB）　　　　　（b）罗丹明（RH）

图 9-6　不同染料的浓度—吸光度标准曲线

通过图 9-6 获得每种染料在最大吸光度处对应的波长。通过图 9-6 获得亚甲基蓝溶液的浓度与吸光度之间的良好线性表达式为 $A = 0.0232 \times C - 0.03$（$R^2 = 0.9997$）。获得罗丹明吸光度与溶液的浓度之间的良好线性表达式为 $A = 0.0101 \times C = 0.78$（$R^2 = 0.9998$）。

9.3.2.2 不同的纳米纤维添加量对吸附染料性能的影响

鉴于纳米纤维气凝胶对有机污染物的良好吸附和降解性能，利用其作为吸附剂处理印染生产过程产生的废水污染，对于促进纺织染整工业生产工艺和治理污染技术具有重要意义。本节探讨 HPHNA 对染料的吸附和再生性能。

由于纳米纤维的添加量会影响 HPHNA 的多孔结构和纳米纤维自身的结构，进而影响吸附剂的吸附性能，本节将探讨纳米纤维的添加量对 HPHNA 的吸附性能影响，进而制备性能较优的 HPHNA。

通过扫描电镜观察 HPHNA 的形貌发现，气凝胶中棕榈纳米纤维添加量对其微观多孔网络结构影响显著，导致不同纳米纤维添加量的 HPHNA 吸附性能差异显著，下面将探讨不同纳米纤维添加量的 HPHNA 的吸附性能。

分别采用 1.0%（质量分数，后同）、1.5%、2.0%、2.5%、3.0%、3.5% 纳米纤维添加量制备的 HPHNA 为吸附剂，分别吸附废水中的有机染料（亚甲基蓝、罗丹明）。吸附环境均为有机染料的原始 pH，常温，水浴振荡 12h，不同纳米纤维添加量的 HPHNA 与吸附容量的关系如图 9-7 所示。

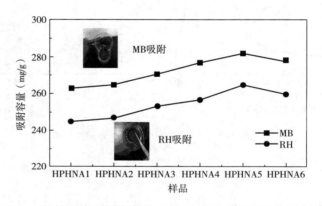

图 9-7　不同纳米纤维添加量的 HPHNA 与吸附容量的关系曲线图

分析不同添加量纳米纤维对 HPHNA 吸附性能的影响，得出最佳的纳米纤维添加量，便于进一步对最佳配比的气凝胶在不同环境下的吸附性能比较研究。图 9-7 为在不同添加量的 HPHNA 对有机染料（亚甲基蓝、罗丹明）吸附容量曲线图。从图中可得知，在不同添加量的纳米纤维条件下 HPHNA 对有机染料的吸附能力的变化趋势不尽相同。

HPHNA 对亚甲基蓝、罗丹明的吸附容量随着纳米纤维添加量的增多保持缓慢上升的态势，最大吸附容量分别达到 282.04mg/g、264.28mg/g。

HPHNA 本身的物理吸附作用对于染料的吸附作用并不明显，由于染料本身属于大分子，在进入气凝胶孔道的过程中扩散速度较慢，因此吸附剂本身的孔洞结构对其吸附容量的大小影响并不显著，对吸附作用起主要作用是靠纳米纤维对染料分子的静电吸附作用力，所以吸附容量会随着纳米纤维添加量的增多而缓慢增长。原因是经过过硫酸铵氧化法制备的纳米纤维含有的羧基阴离子基团是阳离子染料在凝胶网络结构中的结合位点。

HPHNA 中羧基含量的增加有效促进了染料的吸附，再者纤维素的疏水结构与亚甲基蓝分子上的疏水结构有相互作用，两种阳离子染料的分子结构如图 9-8 和与图 9-9 所示，这两种相互作用都会导致气凝胶对亚甲基蓝的吸附容量增加。加之 WPF 的高比表面积和气凝胶的多孔结构，导致 HPHNA 对染料吸附容量的大小整体随纳米纤维含量的增加而增加，但当纳米纤维含量达到一定量，会产生多余的结合位点，另外受多孔通道结构的影响，HPHNA5 组分是 HPHNA 中吸附效果比较好的，所以下面对气凝胶吸附性能的研究都选择 HPHNA5 这个组分。

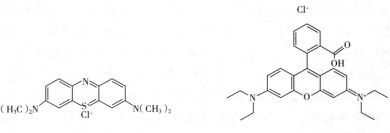

图 9-8　亚甲基蓝的分子结构　　　　　图 9-9　罗丹明的分子结构

9.3.2.3　pH 对吸附染料性能的影响

溶液的初始 pH 环境对吸附效果也有显著影响，这个参数主要对吸附材料表面的活性基团产生作用、影响材料在溶液中的官能团的质子化或离子化作用，导致相同吸附材料在不同 pH 环境中表现出不同的吸附性能。因此考虑 pH 作为影响吸附性能的重要因素之一。

将染料溶液（亚甲基蓝、罗丹明）的初始浓度设定为 500mg/L，称取质量为 0.5g 的气凝胶吸附剂置于 100mL 上述环境溶液中，温室环境下 pH 范围调整为 2、4、6、8、10、12，水浴振荡 12h 后取上层清液利用紫外分光光度计测定溶液吸光度并按式（9-1）计算吸附容量，结果如图 9-10 所示。

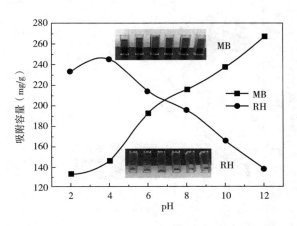

图 9-10　pH 与吸附容量的关系曲线图

由图 9-10 可以看出，随着 pH 增大，亚甲基蓝染料的吸附容量逐渐增大，当 pH 由 2 增大到 6 时，吸附容量由 128.7mg/g 迅速增加至 150.6mg/g，当 pH 从 6 不断增加时，吸附容量持续不断增加，在 pH 达到 12 时，吸附容量达到最高值 260.7mg/g。这是由于亚甲基蓝的 pH 从 2 增加到 12 时，表面始终呈正电性，在 pH<4 时，染料溶液中 H^+ 的浓度很高，HPHNA5 表面被高度质子化，H^+ 与亚甲基蓝的有效官能团相互排斥致使吸附容量低。溶液 pH >4 时，HPHNA5 表面质子化程度降低，官能团羧基会游离出来，羧基能够有效吸附芳香族化合物，对亚甲基蓝染料的吸附效果呈增加趋势，当 pH 增加到 12 时吸附量达到增大，所以以后对亚甲基蓝吸附性能的研究 pH 均调整到 12。

由图 9-10 可以看出，当 pH 由 2 增大到 4 时，罗丹明染料的吸附容量由 232.7mg/g 迅速增加至 244.6mg/g，当 pH 从 6 不断增加时，吸附容量开始下降，在 pH 达到 12 时，吸附容量达到最低值 132.8mg/g，当溶液 pH<7 时，吸附性能明显高于 pH>7 溶液。这是因为，在 pH 较低呈酸性时，罗丹明染料分子中的氨基被质子化，使罗丹明的电荷正电性更加明显，可以更好地和气凝胶吸附剂表面负电荷发生静电吸附作用，使得染料溶液浓度明显降低，吸附效率提高，而 pH=2 加入大量酸时，溶液中的 Cl^- 浓度增高，罗丹明分子中也存在 Cl^-，对电荷间的静电作用起到了一定的排斥影响，减弱了正负电荷间的吸附作用，对吸附性能有所影响。在碱性条件下，加入 NaOH 后减弱了氨基的正电荷性能，导致吸附作用减弱，吸附性能下降。图中所示 pH=4，加入少量酸时，吸附量最高，所以以后对罗丹明吸附性能的研究 pH 均调整到 4。

9.3.2.4　HPHNA5 投入量对吸附染料性能的影响

为了确定适量精准的吸附材料添加量，投入质量分别为 0.5g、0.75g、1g、1.25g、1.5g、1.75g 的气凝胶吸附剂到 pH 分别为 12 和 4 的亚甲基蓝和罗丹明染料溶液中，30℃下，染料初始浓度分别选定为 500mg/L，水浴振荡 12h 后取上层清液利用紫外分光光度计测定溶液吸光度并按式（9-1）计算吸附容量，结果如图 9-11 所示。

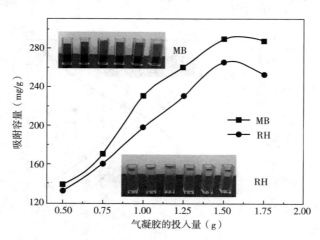

图 9-11　HPHNA5 投入量与吸附容量的关系曲线图

由图 9-11 分析得出，HPHNA5 无论是吸附亚甲基蓝染料还是吸附罗丹明染料，随着吸附剂投入量的增加，对两种染料的吸附容量整体呈增加趋势，在吸附亚甲基蓝染料时，当吸附剂投入量由 0.5g 增加到 1g 时，亚甲基蓝染料的吸附容量由 138.6mg/g 迅速增加到至 260.5mg/g，当吸附剂投入量达到 1.5g 时，亚甲基蓝的吸附容量达到最大值 288.7mg/g，持续增加吸附剂的投入量时，亚甲基蓝染料的吸附容量增量趋于平缓。在吸附罗丹明染料时，当 HPHNA5 投入量由 0.5g 增加到 1.5g 时，罗丹明的吸附容量由 132.6mg/g 迅速增加至最大值 275.6mg/g，持续增加吸附剂的投入量时，罗丹明染料的吸附容量不再增加，开始呈下降趋势。

究其原因是当 HPHNA5 投入量增多时，相当于增大了吸附剂的吸附表面积，HPHNA5 参与吸附的官能团（如羧基）与染料结合位点会相应增加，所以对两种染料的吸附容量会呈现出显著增加的趋势。但当 HPHNA5 投入量超过 1.5g 时，由于染料溶液中能够用来吸附的分子含量达到上限，导致 HPHNA5 的吸附容量不在增加。在吸附剂投入量在 0.5~1.75g 范围内，吸附剂对亚甲基蓝的吸附容量高于对罗丹明的吸附容量。综上所述，以下将选择 1.5g HPHNA5 的投入量研究气凝胶的吸附性能。

9.3.2.5　初始浓度对吸附效果的影响

为了确定适量精准的亚甲基蓝染料和罗丹明染料初始浓度，将 1.5g 的气凝胶吸附剂分别投入两种染料溶液中，溶液初始浓度均设定为 50mg/L、100mg/L、200mg/L、300mg/L、400mg/L、500mg/L、600mg/L，pH 分别为 12 和 4，30℃ 条件下，水浴振荡 10h 后取上层清液利用紫外分光光度计测定溶液吸光度并按式（9-1）计算吸附容量，结果如图 9-12 所示。

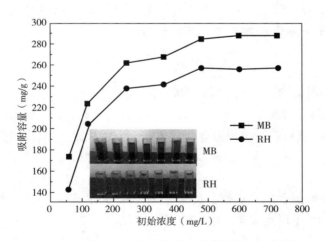

图 9-12　HPHNA5 初始浓度与吸附容量的关系曲线图

在 pH 为 12 和 pH 为 4 的不同初始浓度亚甲基蓝染料溶液和罗丹明染料溶液中，分别投入 1.5g/L HPHNA5，吸附时间为 10h，分析 HPHNA5 的吸附效果。如图 9-12 所示，无论是亚甲基蓝染料溶液还是罗丹明染料溶液，随着两种染料溶液初始浓度的增加，HPHNA5 对染料的吸附容量都在逐渐增加。当亚甲基蓝染料溶液初始浓度由 50mg/L 增加到 200mg/L 时，HPHNA5 的吸附容量由 172.8mg/g 升高到 261.3mg/g，当亚甲基蓝染料溶液初始浓度为 500mg/L，HPHNA5 的吸附容量基本达到最大值，超过这个浓度 HPHNA5 的吸附容量随着初始浓度的增加基本保持不变。当罗丹明染料溶液初始浓度由 50mg/L 增加到 200mg/L 时，HPHNA5 的吸附容量由 142.7mg/g 升高到 237.8mg/g，当罗丹明染料溶液初始浓度为 500mg/L，HPHNA5 的吸附容量基本达到最大值，超过这个浓度 HPHNA5 的吸附容量随着初始浓度的增加基本保持不变。HPHNA5 对亚甲基蓝的吸附容量明显高于对罗丹明的吸附容量，当两种染料浓度超过 400mg/L 后，两种染料的吸附容量的变化趋势相差不多。

究其原因是染料浓度小于 500mg/L 时，吸附还未达到饱和，由于吸附驱动力的作用，染料在溶液中的扩散速度随着染料初始浓度的增加而增加，到达 HPHNA 的时间较短，有更多的染料分子可以与 HPHNA5 结合，吸附容量增加较快，随着染料初始浓度的持续提高，气凝胶上的吸附结合位点被利用得更加充分，从而导致吸附容量变化不明显。当亚甲基蓝溶液和罗丹明溶液浓度为 500mg/L 时，吸附容量基本达到饱和值，随着溶液浓度的继续增大，吸附容量几乎没有变化，逐渐饱和并最终达到平衡。综上所述，在下面的研究中选择染料的初始浓度为 500mg/L 研究 HPHNA5 的吸附性能比较合理。

9.3.2.6 染料吸附等温线

恒定温度下吸附达到平衡时污染物浓度与吸附剂对污染物的吸附容量之间的关系曲线称之为吸附等温线。吸附等温线可以描述吸附剂与污染物之间的相互作用，进而优化吸附剂的使用条件。在液相吸附中，吸附剂同时吸附溶质和溶剂，吸附过程复杂，目前尚未有成熟理论。在长期的实践中人们总结出一些理论，用于指导液相吸附体系的设计，如 Langmuir、BET、Freundlic、Gibbs 和 Henry 等模型。Langmuir 吸附模型和 Freundlich 吸附模型较为常用。Langmuir 吸附模型的线性表达式见式（9-4）：

$$\frac{1}{q_e} = \frac{1}{K_L q_{max} C_e} + \frac{1}{q_{max}} \tag{9-4}$$

式中：C_e 为吸附达到平衡时污染物的浓度（mg/L）；q_e 为吸附达到平衡时的吸附容量（mg/L）；K_L 为 Langmuir 常数，线性方程截距（L/mg 或 L/mol）；q_{max} 为最大吸附容量（mg/g）。

为进一步探讨模型对吸附过程拟合的有效性，分离常数 R_L 的表达式见式（9-5）。

$$R_L = \frac{1}{1 + K_L C_e} \tag{9-5}$$

式中：R_L 为吸附能否顺利进行，$R_L > 1$，不利于吸附；$R_L = 1$，线性相关；$0 < R_L < 1$，有利于吸附；$R_L = 0$，不可逆关系。R_L 的计算结果见表 9-2。

表 9-2　HPHNA5 对染料的吸附等温线参数

污染物	Langmuir 吸附等温线模型参数				Freundlich 吸附等温线模型参数		
	最大吸附量 q_{max}（mg/g）	常数 K_L（L/mg）	相关系数 R^2	R_L	常数 K_F	异质因子 n	相关系数 R^2
MB	292.2	0.00324	0.9995	0.306~0.8605	1.91239	0.1998	0.9133

续表

污染物	Langmuir 吸附等温线模型参数				Freundlich 吸附等温线模型参数		
	最大吸附量 q_{max}（mg/g）	常数 K_L（L/mg）	相关系数 R^2	R_L	常数 K_F	异质因子 n	相关系数 R^2
RH	261.4	0.00363	0.9988	0.2824～0.8464	1.81179	0.220	0.8410

Freundlich 模型的线性表达式如式（9-6）：

$$\ln q_e = \ln K_F + \frac{1}{n} \ln C_e \qquad (9-6)$$

式中：C_e 为吸附达到平衡时污染物的浓度（mg/L）；q_e 为吸附达到平衡时的吸附量（mg/g）；K_F 为 Freundlich 常数，线性方程的截距（mg/g）；n 为异质性因子，线性方程的斜率倒数。

对图 9-12 的实验结果采用 Langmuir 模型和 Freundlich 模型的吸附等温线进行拟合，结果参见图 9-13 及表 9-2。

表 9-2 为 HPHNA5 吸附染料的 Langmuir 吸附等温线参数和 Freundlich 吸附等温线参数。实测值与吸附等温线模型的拟合结果之间用相关系数 R^2 表示，一般 R^2 越大，表明吸附过程与所选择的模型较相关。Langmuir 吸附等温线模型对两种染料的吸附过程模拟的相关系数 R^2 均大于 0.9988，分离常数 $R_L = 0.2824～0.8605$，表明 Langmuir 吸附等温线模型的可行性可以很好地解释吸附过程。而 Freundlich 吸附等温线模型相关系数 R^2 只有 0.9133 和 0.8410，与实测值相近性相对较差。拟合结果表明 Langmuir 吸附等温线模型可以更好地描述纳米纤维气凝胶对亚甲基蓝和罗丹明的吸附。

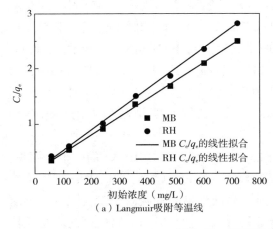

（a）Langmuir吸附等温线

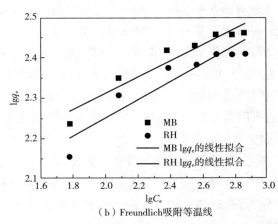

（b）Freundlich吸附等温线

图 9-13　HPHNA5 对染料的吸附等温线

9.3.2.7　吸附时间对 HPHNA5 吸附性能的影响

为了确定适宜精准的吸附时间，将质量为 1.5g 的 HPHNA5 投入 pH 分别为 12 和 4 的亚甲基蓝和罗丹明染料溶液中，室温条件下，染料初始浓度分别选定为500mg/L，振荡吸附时间分别为60min、120min、240min、360min、480min、600min、720min梯度时取上层清液利用紫外分光光度计测定溶液吸光度，并按式（9-1）计算吸附容量，结果如图9-14所示。

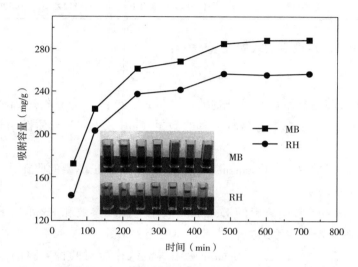

图9-14　吸附时间对染料吸附性能的影响

　　由图9-14分析得出，HPHNA5无论是吸附亚甲基蓝染料还是吸附罗丹明染料，随着时间的增加，HPHNA5对两种染料的吸附容量整体呈增加趋势，在吸附亚甲基蓝染料时，当HPHNA5投入时间由60min增加到240min时，亚甲基蓝染料的吸附容量由170.8mg/g迅速增加到至240.5mg/g，吸附时间达到400min后，吸附速率放缓。当吸附时间达到600min时，亚甲基蓝的吸附容量达到最大值289.7mg/g，持续增加吸附时间，亚甲基蓝染料的吸附容量增量趋于平缓。在吸附罗丹明染料时，当HPHNA5投入时间由60min增加到240min时，罗丹明染料的吸附容量由140.7mg/g迅速增加到至207.8mg/g，吸附时间达到400min后，吸附速率放缓。当HPHNA5投入时间达到600min时，罗丹明的吸附容量增加至258.1mg/g，持续增加吸附时间时，罗丹明染料的吸附容量增加缓慢。

　　究其原因是当气凝胶吸附剂吸附时间延长时，相当于增大了HPHNA5的吸附表面积，HPHNA5参与吸附的官能团（如羧基）与染料结合位点会相应增加，HPHNA5的网络贯通的多孔通道结构也提供了染料吸附的路径。所以对两种染料的吸附容量会呈现出显著增加的趋势。但当吸附达到一定时间时，由于染料溶液中参与吸附的官能团逐渐达到饱和值，导致HPHNA5的结合位点不在增加吸附容量减慢。在吸附剂时间为60~720min，HPHNA5对亚甲基蓝的吸附容量高于对罗丹明的吸附容量。综上所述，在以后的研究中选择600min的气凝胶吸附时间研究气凝胶的吸附性能比较合理。

9.3.2.8   吸附动力学研究

动力学是研究各种因素对化学反应速率影响的规律，化学反应的吸附机理以及探索将热力学计算得到的可能性变为现实性。研究吸附动力学，对于估算吸附速率、分析吸附速率的影响因素，预测吸附平衡量，改善吸附性能具有重要意义。动力学模型以动力学为理论基础，结合具体的实际而做的有形或无形的模型，一般利用建立的吸附动力学模型，对实验过程进行拟合，对反应机理进行推测，计算得出吸附实验各种参数。通过选择适宜精准的吸附参数，减少吸附时间，控制吸附速率，指导材料在污水处理领域的应用。

目前用来预测或描述吸附动力学的模型比较多，固体吸附剂对溶液中溶质的吸附动力学过程可用 Lagergren（拉格尔格伦）准一级动力学、准二级动力学、Elovich 动力学、韦伯-莫里斯内扩散模型和班厄姆孔隙扩散模型等方程来进行描述。基于固体吸附量的用 Lagergren（拉格尔格伦）一级速率是最为常见的，应用于液相的吸附动力学方程模型见式（9-7）和式（9-8），动力学模型拟合的结果与实验结果之间用相关系数 R^2 表示，一般 R^2 值越大，表明所应用的模型与吸附过程近似度高。这两种模型广泛应用于吸附机理的研究。

（1）Lagergren 准一级动力学模型。应用于液相的 Lagergren 准一级动力学的方程见式（9-7）：

$$\ln(q_e-q_t)=\ln q-k_1 t \tag{9-7}$$

式中：q_e、q_t 分别为吸附平衡和时间为 t 的吸附容量（mg/g）；t 为吸附时间（min）；k_1 为准一级吸附速率常数 [g/（mg·min）]。

一般以 $\ln(q_e-q_t)$ 对时间 t 作直线图，如果拟合的数据能得出一条直线，表明准一级动力学模型可以用来预测吸附机理。然后对比真实值与预测值，数据差异大时，即使可以拟合出一条相关系数高的直线，也不能说明准一级动力学模型能够反映吸附机理。

（2）Lagergren 准二级动力学模型。应用于液相的 Lagergren 准二级动力学的方程见式（9-8）。

$$\frac{t}{q_t}=\frac{1}{k_2 q_e^2}+\frac{t}{q_e} \tag{9-8}$$

式中：q_e、q_t 分别为吸附平衡和时间为 t 的吸附容量（mg/g）；t 为吸附时间（min）；k_2 为准二级吸附速率常数 [g/（mg·min）]。

具体将 $\dfrac{t}{q_t}$ 对 t 作图，计算得到 k_2 和 q_e，k_2 越大表明吸附速率越快。q_e 越大表明吸附剂的吸附容量越大。通过拟合如果能得到一条直线表明准二级动力学模型能更恰当地描述吸附机理。采用 Lagergren 准一级动力学、准二级动力学模型对气凝胶吸附剂对染料的吸附过程进行拟合结果参见图 9-15 及表 9-3，动力学吸附常数、相关系数可通过曲线的斜率和截距获得。

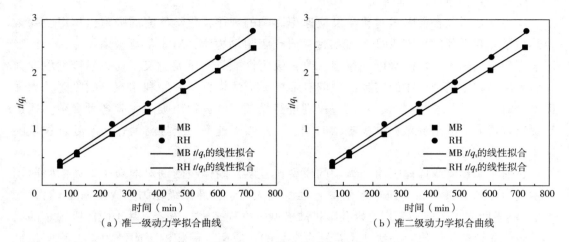

（a）准一级动力学拟合曲线　　　　　　　（b）准二级动力学拟合曲线

图 9-15　HPHNA5 对染料吸附 Lagergren 模型

表 9-3　HPHNA5 吸附染料的动力学参数

有机物	实测值 （mg/g）	准一级动力学			准二级动力学		
		吸附平衡量 q_e 计算值 （mg/g）	速率常数 k_1	相关系数 R^2	吸附平衡量 q_e 计算值 （mg/g）	速率常数 k_2	相关系数 R^2
MB	296.2	279.4	0.00427	0.95124	306.4	0.00324	0.9997
RH	263.8	246.7	0.00637	0.98467	286.7	0.00354	0.9986

　　表 9-3 为 HPHNA5 吸附染料的动力学参数。实验真实值与动力学模型的拟合结果之间用相关系数 R^2 表示，一般 R^2 越大，表明吸附过程与所选择的模型较相关。对比准一级动力学参数和准二级动力学参数，准二级动力学模型对两种染料的吸附过程模拟的相关系数 R^2 均大于 0.9986。估算的准二级动力学模型的吸附容量 q_e 与实测值 q_e 更接近，拟合结果表明准二级动力学模型能更精准地描述 HPHNA5 对染料的吸附动力学过程。

9.3.2.9　HPHNA5 吸附染料的热力学研究

　　为了确定适宜精准的吸附温度，分别将质量为 1.5g 的 HPHNA5 投入 pH 为 12 和 4 的亚甲基蓝和罗丹明染料溶液中，20℃（293K）、30℃（303K）和 40℃（313K）条件下，染料原始浓度分别选定 50mg/L、100mg/L、200mg/L、300mg/L、400mg/L、500mg/L、600mg/L 梯度时取上层清液利用紫外分光光度计测定溶液吸光度并按式（9-1）计算吸附容量，结果如图 9-16 所示。

　　分别在 20℃、30℃和 40℃条件下，测定 1.5g HPHNA5 在不同溶液初始浓度的情况下吸附亚甲基蓝和罗丹明的吸附容量变化。如图 9-16 所示，在三种温度梯度下，两种染料随温度的增高吸附容量增加。当温度由 20℃升高到 30℃时，HPHNA5 对亚甲基蓝染料的

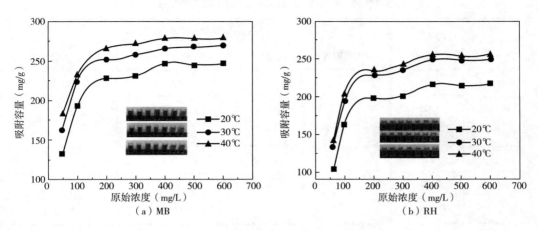

图 9-16　吸附温度对染料吸附性能的影响

吸附容量由 246.9mg/g 增加到 264.9mg/g，吸附容量增加显著，当温度由 30℃升高到 40℃时，HPHNA5 对亚甲基蓝染料的吸附量由 264.9mg/g 增加到 277.9mg/g，这个结果表明 HPHNA5 对亚甲基蓝染料的吸附过程是一种吸热反应，温度升高，对吸附效果有利。当温度由 20℃升高到 30℃时，HPHNA5 对罗丹明染料的吸附容量由 216.8mg/g 增加到 249.8mg/g，吸附容量增加显著，当温度由 30℃升高到 40℃时，HPHNA5 对罗丹明染料的吸附容量由 249.8mg/g 增加到 255.8mg/g，这个结果表明 HPHNA5 对罗丹明染料的吸附过程是一种吸热反应，温度升高，对吸附效果有利。HPHNA5 对染料的吸附在气凝胶的纳米纤维单分子层和多分子层之间，吸附剂表面的不均匀性对吸附有一定影响，造成随温度升高吸附容量的增加不呈线性变化。

　　对图 9-16 的实验结果采用 Langmuir 吸附等温线模型进行拟合，结果参见图 9-17 及表 9-4。

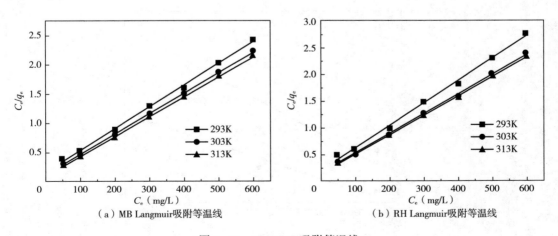

图 9-17　HPHNA5 吸附等温线

表 9-4　HPHNA5 对染料的吸附等温线参数

污染物	温度（K）	Langmuir 吸附等温线模型参数		
		最大吸附容量 q_{max}（mg/g）	常数 K_L（L/mg）	相关系数 R^2
MB	293	292.2	0.0038	0.9986
	303		0.0035	0.9996
	313		0.0034	0.9996
RH	293	261.4	0.0042	0.9973
	303		0.0037	0.9987
	313		0.0036	0.9990

根据 Clausius—Clapeyron 方程计算吸附吉布斯自由能 ΔG、吸附焓 ΔH 和吸附熵 ΔS 的表达式见式（9-9）和式（9-10）。

$$\Delta G = RT \ln K_L \tag{9-9}$$

$$\ln K_L = \frac{\Delta S}{R} - \frac{\Delta H}{RT} \tag{9-10}$$

式中：ΔG 为吸附自由能（kJ/mol）；K_L 为 Langmuir 常数；R 为气体普适常数 [8.314J/（mol·K）]；T 为绝对温度（K）；ΔS 为熵变 [J/（mol·K）]；ΔH 为吸附焓（kJ/mol）。

由表 9-4 获得 HPHNA5 在不同温度下对染料的吸附等温线参数 K_L，做出吸附等量线 $\ln K_L$—T^{-1}，将 $\ln K_L$ 和 T^{-1} 进行线性拟合呈良好的线性关系，对亚甲基蓝的相关系数 $R^2 = 0.9995$，对罗丹明的相关系数 $R^2 = 0.954$，说明 Clausius—Clapeyron 方程服从吸附过程。由吸附等量线 $\ln K_L$—T^{-1} 线性拟合得出各等量吸附线的斜率和截距，可获得 $\Delta H/R$ 和 $\Delta S/R$ 的值，吸附等量线拟合曲线如图 9-18 所示，计算结果见表 9-5。

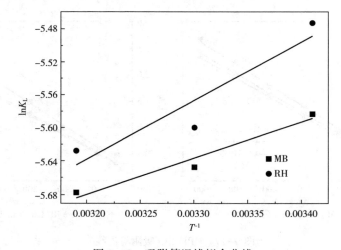

图 9-18　吸附等温线拟合曲线

表9-5　HPHNA5对亚甲基蓝和罗丹明的热力学参数

污染物	T（K）	ΔH（kJ/mol）	ΔG（kJ/mol）	ΔS［J/（mol·K）］
MB	293		-13.6	
	303	3.6	-14.2	58.7
	313		-14.6	
RH	293		-5.5	
	303	5.8	-5.6	65.5
	313		-5.6	

表9-5表明吸附焓 ΔH 分别为3.6kJ/mol和5.8kJ/mol，熵变 ΔS 分别为58.7J/（mol·K）和65.5J/（mol·K），均为正值，说明HPHNA5对亚甲基蓝和罗丹明的吸附反应为吸热过程，升高温度有利于吸附进行。吸附吉布斯自由能 ΔG 是吸附优惠性和驱动力的表现，$\Delta G>0$，吸附反应不能自发进行，$\Delta G<0$，吸附反应能自发进行，$\Delta G=0$，吸附反应处于平衡，拟合结果获得 ΔG 为负值，充分证明HPHNA5对亚甲基蓝和罗丹明的吸附过程是自发进行的。结果表明HPHNA5对亚甲基蓝和罗丹明的吸附过程是一个吸热过程，升高温度吸附过程可以自发进行。

熵变 ΔS 反映体系内部存在状态的混乱程度。表9-5表明在不同吸附温度下 ΔS 均为正值，表明在HPHNA5吸附亚甲基蓝染料和罗丹明染料过程中，增加了溶液中固液界面的无序性。吸附熵变 ΔS 在整个过程由两部分组成。染料分子从溶液相吸附到气凝胶吸附剂表面和孔隙中，染料分子失去一部分平动和转动的自由度，熵值减小；HPHNA5表面排列紧密而整齐的水分子解吸至自由运动状态，熵值增大。整个进程先是HPHNA5表面和孔隙表面的水分子大量解吸，然后是染料分子从溶液相吸附到气凝胶表面和孔隙，在整个吸附过程中的熵变是所述两个进程熵变的和。熵值为正，说明增强了整个体系的无序性。表9-5中温度对熵变的影响小于吸附容量对熵变的影响，表明HPHNA5的吸附位点分布不均匀。

9.3.3　HPHNA对重金属离子的吸附性能分析

9.3.3.1　不同纳米纤维添加量的气凝胶对重金属离子吸附性能的影响

通过前面纳米纤维的添加量对染料吸附性能的影响，发现气凝胶材料的多孔结构和纳米纤维自身的结构能够影响吸附剂对染料的吸附性能，本节将探讨不同纳米纤维添加量的气凝胶吸附剂对重金属离子吸附性能的影响。

分别采用1.0%（质量分数，后同）、1.5%、2.0%、2.5%、3.0%、3.5%纳米纤维添加量制备的气凝胶为吸附剂，分别吸附废水中的重金属离子（Zn^{2+}、Ni^{2+}、Cr^{3+} 和 Cd^{2+}）。吸附环境均为重金属离子的原始pH，常温，水浴振荡6h，吸附剂与吸附容量 A 的关系如图9-19所示。

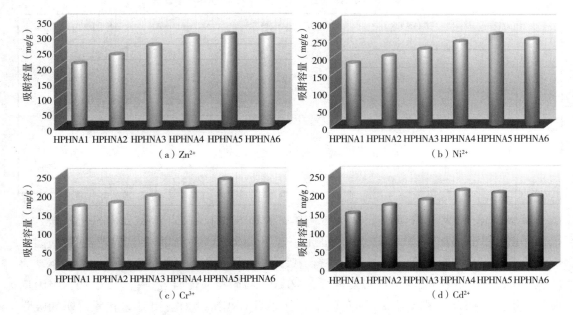

图9-19　不同纳米纤维添加量的气凝胶与重金属离子吸附容量的关系曲线图

图9-19为不同添加量的纳米纤维气凝胶对废水中的重金属离子（Zn^{2+}、Ni^{2+}、Cr^{3+}和Cd^{2+}）吸附容量曲线图。从图中可知，在不同纳米纤维添加量条件下气凝胶对废水中的重金属离子（Zn^{2+}、Ni^{2+}、Cr^{3+}和Cd^{2+}）的吸附能力变化趋势总体保持一致。HPHNA1～HPHNA6气凝胶对废水中的重金属离子（Zn^{2+}、Ni^{2+}、Cr^{3+}和Cd^{2+}）的吸附容量随着纳米纤维添加量的增多保持缓慢上升后减少的趋势，最大吸附容量分别达到301.5mg/g、260.2mg/g、234.8mg/g、200.8mg/g。HPHNA1～HPHNA6气凝胶对废水中重金属离子Zn^{2+}、Ni^{2+}、Cr^{3+}的吸附效果在HPHNA5（3.0%纳米纤维添加量制备的气凝胶为吸附剂）达到最大值，HPHNA1～HPHNA6气凝胶对废水中重金属离子Cd^{2+}的吸附效果在HPHNA4（2.5%纳米纤维添加量制备的气凝胶为吸附剂）达到最大值。

分析上述现象产生的原因，一方面由于气凝胶本身的网络多孔结构构成的吸附通道不同于染料的大分子结构，重金属离子在进入气凝胶孔道的过程中扩散速度较快，因此吸附剂本身的孔洞结构对其吸附容量的大小产生一定影响，还有一部分是靠纳米纤维对重金属离子的静电吸附作用力，经过过硫酸铵氧化法制备的纳米纤维表面含有的羧基活性基团，以及纤维自身的羟基活性基团是重金属离子在凝胶网络结构中的结合位点，气凝胶中羧基含量的增加有效促进了重金属离子的吸附容量，所以吸附容量会随着纳米纤维添加量的增多而缓慢增长。另外纳米纤维的高比表面积也起到一定的作用，气凝胶对重金属离子吸附容量的大小主要受纳米纤维含量的影响，但当纳米纤维含量达到一定量，会产生多余的结合位点，加之受多孔通道结构的影响，HPHNA5气凝胶结构稳定，是气凝胶中吸附效果比较好的，所以以后对气凝胶吸附性能的研究都选择HPHNA5这个组分。

9.3.3.2 pH 对重金属离子吸附性能的影响

采用 3.0% 纳米纤维添加量制备的气凝胶（HPHNA5）为吸附剂，分别吸附废水中的重金属离子（Zn^{2+}、Ni^{2+}、Cr^{3+} 和 Cd^{2+}）。吸附环境均为重金属离子的常温，水浴振荡 6h，吸附 10h 后取上层清液溶液采用 ICP-OES 测量重金属离子的浓度，溶液初始 pH 与吸附容量 A 的关系如图 9-20 所示。

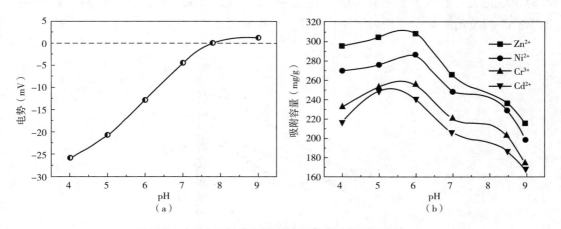

图 9-20　pH 与重金属离子吸附容量的关系曲线

如图 9-20 所示，pH 设置为 4~9。pH 从 4 增加至 9，HPHNA5 对 Zn^{2+}、Ni^{2+}、Cr^{3+} 和 Cd^{2+} 四种重金属离子的吸附容量先缓慢增加后急剧下降。其中，当 pH<6 时，Cr^{3+} 和 Cd^{2+} 的吸附容量增长速度大于 Zn^{2+}、Ni^{2+} 的吸附容量增长速度；当 pH>6 时，Zn^{2+}、Ni^{2+}、Cr^{3+} 和 Cd^{2+} 四种重金属离子的吸附容量下降速度趋势基本一致。在重金属离子 Zn^{2+} 溶液初始 pH 为 5.8，Ni^{2+} 溶液初始 pH 为 6.0 左右达到吸附容量高峰值，pH 增加至 6.0 之后，吸附容量开始下降。在重金属离子 Cr^{3+} 溶液初始 pH 为 5.4，Cd^{2+} 溶液初始 pH 为 5.8 左右达到吸附容量高峰值，pH 增加至 6.0 之后，吸附容量开始下降。

分析上述现象产生的原因，由于纳米纤维气凝胶的等电位值为 7.5 ［图 9-20（a）］，pH<7.5 时，气凝胶吸附剂表面带有负电荷，与重金属离子间相互吸引致使吸附容量较高；pH>7.5 时，气凝胶表面带正电荷，与重金属离子将存在静电排斥作用致使吸附容量下降。说明重金属离子的溶液 pH 对纳米纤维气凝胶的吸附性能存在影响。但是通过观察图 9-20（b），发现当 pH 在 6 左右，气凝胶的吸附性就开始发生变化，即使在 pH 对吸附不利的环境下，气凝胶对金属离子仍具有一定的吸附能力，这说明静电吸附作用不是唯一的吸附机理，还存在配位作用、物理作用也起到一定的贡献力量。pH 较低时，重金属离子会同溶液中的 H^+ 争夺纤维素气凝胶的吸附位点，并且阻碍纤维素表面活性基团的解离，致使吸附容量不高；随着重金属离子溶液中 pH 的增加，溶液中 H^+ 的浓度逐渐减少，重金属离子同溶液中的 H^+ 竞争减少，致使吸附容量逐渐增加；当重金属离子溶液初始 pH 较高时，溶液中含有的 OH^- 会与重金属离子反应形成难溶的氢氧化物或氧化物，致使吸附容量开始下降。各种因素的综合作用致使气凝胶在 pH 为 6 时的吸附效果比较好，所以下面对气凝胶吸附性能的研究都选择 pH 为 6。

9.3.3.3 HPHNA5 投入量对重金属离子吸附性能的影响

为了确定适量精准的吸附材料添加量，投入质量分别为 0.5g、0.75g、1g、1.25g、1.5g、1.75g 的 HPHNA5 到 pH 为 6 的重金属离子溶液中，30℃下，染料初始浓度分别选定为 500mg/L，水浴振荡 6h 后取上层清液采用 ICP-OES 测量重金属离子的浓度，HPHNA5 的投入量 W 与吸附容量 A 的关系，结果如图 9-21 所示。

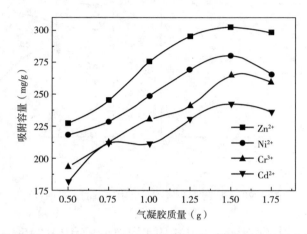

图 9-21　HPHNA5 投入量与重金属离子吸附容量的关系曲线

由图 9-21 分析得出，HPHNA5 对四种重金属离子的吸附趋势基本保持一致，随着投入量的增加，HPHNA5 对四种重金属离子的吸附容量整体呈增加趋势，在吸附 Zn^{2+} 时，当 HPHNA5 投入量由 0.5g 增加到 1.5g 时，对 Zn^{2+} 的吸附容量由 227.3mg/g 迅速增加到峰值 302.5mg/g，持续增加吸附剂的投入量达到 1.75g 时，对 Zn^{2+} 的吸附容量开始缓慢下降至 298.4mg/g。在吸附 Ni^{2+} 时，当 HPHNA5 投入量由 0.5g 增加到 1.5g 时，对 Ni^{2+} 的吸附容量由 218.9mg/g 迅速增加到峰值 280.2mg/g，持续增加吸附剂的投入量达到 1.75g 时，对 Ni^{2+} 的吸附容量开始缓慢下降至 265.6mg/g。在吸附 Cr^{3+} 时，当 HPHNA5 投入量由 0.5g 增加到 1.5g 时，对 Cr^{3+} 的吸附容量由 193.6mg/g 迅速增加到峰值 264.8mg/g，持续增加吸附剂的投入量达到 1.75g 时，对 Cr^{3+} 的吸附容量开始缓慢下降至 259.8mg/g。在吸附 Cd^{2+} 时，当 HPHNA5 投入量由 0.5g 增加到 0.75g 时，对 Cd^{2+} 的吸附容量由 182.3mg/g 增加到 212.2mg/g，当 HPHNA5 投入量增加到 1g 时，吸附容量基本没有增加，HPHNA5 投入量增加到 1.5g 时，吸附容量迅速增加到峰值 242.8mg/g，持续增加 HPHNA5 的投入量达到 1.75g 时，对 Cd^{2+} 的吸附容量开始缓慢下降至 236.4mg/g。

究其原因是当 HPHNA5 投入量增多时，相当于增大了吸附剂的吸附表面积，吸附剂参与吸附的羧基、羟基活性基团与重金属离子的结合位点会相应增加，所以对重金属离子的吸附容量会呈现显著增加的趋势。但当 HPHNA5 投入量超过 1.5g 时，由于染料溶液中能够用来吸附的分子含量达到上限,HPHNA5 自身位点之间的相互干涉增强,进而限制了对重金属离子的吸附,因而 HPHNA5 的吸附容量缓慢下降。在 HPHNA5 投入量在 0.5~1.75g 范围内,HPHNA5 对四种重金属离子的吸附容量顺序为 $Zn^{2+}>Ni^{2+}>Cr^{3+}>Cd^{2+}$。综上所述,在以后的研究中选择 1.5g 的 HPHNA5 投入量研究气凝胶对重金属离子的吸附性能。

9.3.3.4 重金属离子初始浓度对吸附性能的影响

为了确定适量精准的四种重金属离子初始浓度,将 1.5g 的气凝胶吸附剂分别投入重金属离子溶液中,溶液初始浓度均设定为 10mg/L、30mg/L、60mg/L、90mg/L、120mg/L、200mg/L、300mg/L、400mg/L、500mg/L、600mg/L,pH 为 6,30℃ 条件下,水浴振荡 6h 后取上层清液采用 ICP-OES 测量重金属离子浓度,重金属离子初始浓度 C 与吸附容量 A 的关系,结果如图 9-22 所示。

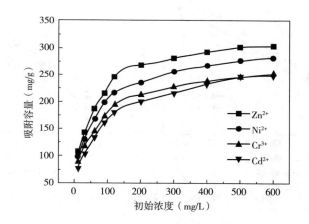

图 9-22　重金属离子初始浓度与吸附容量的关系曲线

由图 9-22 分析得出,HPHNA5 对四种重金属离子的吸附趋势基本保持一致,随着投入量的增加,HPHNA5 对四种重金属离子吸附容量保持快速增长后增加趋于缓和。在吸附 Zn^{2+} 时,当重金属离子浓度从 10mg/L 增加到 120mg/L 时,对 Zn^{2+} 的吸附容量由 108.1mg/g 迅速增加到 245.8mg/g,持续增加重金属离子浓度时,对 Zn^{2+} 的吸附容量开始缓慢增加至 301.7mg/g。在吸附 Ni^{2+} 时,当重金属离子浓度从 10mg/L 增加到 120mg/L 时,对 Ni^{2+} 的吸附容量由 98.5mg/g 迅速增加到 216.5mg/g,持续增加重金属离子浓度时,对 Ni^{2+} 的吸附容量开始缓慢增加至 277.3mg/g。在吸附 Cr^{3+} 时,当重金属离子浓度从 10mg/L 增加到 120mg/L 时,对 Cr^{3+} 吸附容量由 88.6mg/g 增加到 194.6mg/g,重金属离子浓度增加时,对 Cr^{3+} 的吸附容量缓慢增加至 246.3mg/g。在吸附 Cd^{2+} 时,当浓度从 10mg/L 增加到 120mg/L 时,对 Cd^{2+} 的吸附容量由 88.6mg/g 迅速增加到 194.6mg/g,持续增加重金属离子浓度时,对 Cd^{2+} 的吸附容量开始缓慢增加至 246.3mg/g。

究其原因是当重金属离子浓度增加时,相当于增多了 HPHNA5 的羧基、羟基活性基团与重金属离子的结合位点,所以 HPHNA5 对重金属离子的吸附容量会呈现出显著增加的趋势。但当浓度达到一定程度时，HPHNA5的羧基、羟基活性基团的数量有限，造成重金属离子之间相互竞争的形势加剧。从而造成重金属离子溶液的初始浓度刚开始增加时，吸附容量上升较快，达到吸附平衡的时间越快，但当重金属离子溶液浓度达到临界之后，由于HPHNA5上的活性基团吸附位点有限，加剧重金属离子之间的竞争，较慢的吸附速率即可达到吸附平衡。综上所述，以下选择重金属离子溶液浓度为500mg/L研究HPHNA5对重金属离子的吸附性能。

9.3.3.5 吸附重金属离子的等温线

为进一步探究HPHNA5对重金属离子的吸附过程，对图9-23的实验结果采用Langmuir模型和Freundlich模型的吸附等温线进行拟合，结果见图9-23及表9-6。

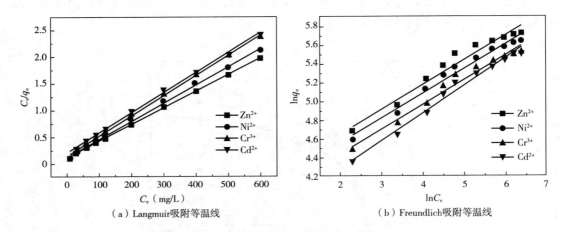

（a）Langmuir吸附等温线　　　　　　（b）Freundlich吸附等温线

图9-23　HPHNA5对重金属离子吸附等温线

表9-6　HPHNA5对重金属离子的吸附等温线参数

污染物	Langmuir 吸附等温线模型参数				Freundlich 吸附等温线模型参数		
	最大吸附量 q_{max}（mg/g）	常数 K_L（L/mg）	相关系数 R^2	分离因子 R_L	常数 K_F	异质因子 n	相关系数 R^2
Zn^{2+}	313.9	0.114	0.9987	0.0144~0.8977	4.1416	0.2603	0.9575
Ni^{2+}	309.6	0.138	0.9970	0.0119~0.8787	4.0315	0.2630	0.9726
Cr^{3+}	306.6	0.157	0.9976	0.0105~0.8643	3.9117	0.2634	0.9738
Cd^{2+}	300.6	0.196	0.9950	0.0084~0.8361	3.7098	0.2923	0.9821

由图9-23和表9-6可知，Langmuir吸附等温线模型中，HPHNA5对Zn^{2+}，Ni^{2+}，Cr^{3+}和Cd^{2+}四种重金属离子拟合的$0<R_L<1$之间，相关系数$R^2 \geqslant 0.9950$，平衡常数$K_L>0$，此外，气凝胶对四种重金属离子的Langmuir最大吸附容量分别为313.9mg/g、309.6mg/g、306.6mg/g和300.6mg/g，这与实测吸附容量非常接近，实验验证表明Langmuir等温模型

的可行性，对重金属离子的去除属于单分子层吸附模型。Freundlich 吸附等温线模型中，相关系数 R^2 的最大值为 0.9821，小于 Langmuir 模型的 R^2。验证实验同时表明，该模型与实验数据的匹配性并不高，对实验过程描述的可行性不高。综合来看，Langmuir 吸附等温线模型可以相对精准的探究 HPHNA5 对重金属离子的吸附过程。

9.3.3.6　吸附时间对 HPHNA5 吸附性能的影响

为了确定适宜精准的吸附时间，将 1.5g HPHNA5 加入 pH 为 6 的四种重金属离子溶液中，室温条件下，重金属离子初始浓度分别选定为 500mg/L，振荡吸附时间分别为 10min、30min、60min、90min、120min、180min、240min、300min、360min、420min 梯度时水浴振荡 6h 后取采用 ICP-OES 测量重金属离子的浓度，吸附时间 t 与吸附容量 A 的关系，结果如图 9-24 所示。

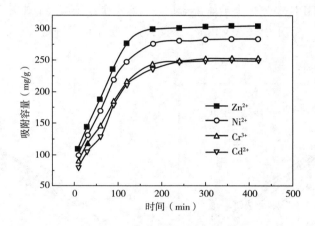

图 9-24　吸附时间与重金属离子吸附容量的关系曲线

由图 9-24 分析得出，HPHNA5 在吸附重金属离子溶液时，随着吸附时间的增加，对四种重金属的吸附容量趋势是先急剧增加而后趋于平缓。对于 Zn^{2+}，当 HPHNA5 加入时间由 10min 增加到 120min 时，Zn^{2+} 的吸附容量由 108.1mg/g 迅速增加到 275.8mg/g，吸附时间达到 180min 后，吸附速率放缓，当 HPHNA5 时间达到 360min 时，吸附容量达到平衡最大值 289.7mg/g，持续增加吸附时间，Zn^{2+} 的吸附容量增量趋于平缓。

对于 Ni^{2+}，当 HPHNA5 投入时间由 10min 增加到 120min 时，Ni^{2+} 的吸附容量由 98.5mg/g 迅速增加到 246.5mg/g，吸附时间达到 180min 后，吸附速率放缓，当 HPHNA5 时间达到 360min 时，吸附容量达到平衡最大值 283.3mg/g，持续增加吸附时间，Ni^{2+} 的吸附容量增量趋于平缓。对于 Cr^{3+}，当 HPHNA5 投入时间由 10min 增加到 120min 时，Cr^{3+} 的吸附容量由 88.6mg/g 迅速增加到 214.6mg/g，吸附时间达到 180min 后，吸附速率放缓，当 HPHNA5 时间达到 360min 时，吸附容量达到平衡最大值 214.6mg/g，持续增加吸附时间，Cr^{3+} 的吸附容量增量趋于平缓。对于 Cd^{2+}，当 HPHNA5 投入时间由 10min 增加到 120min 时，Cd^{2+} 的吸附容量由 78.3mg/g 迅速增加到 210.7mg/g，吸附时间达到 180min 后，吸附速率放缓，当吸附剂时间达到 360min 时，吸附容量达到平衡最大值 249.3mg/g，持续增加吸附时间，Cd^{2+} 的吸附容量增量趋于平缓。但四种重金属离子的吸附容量不尽相同，这将在后面对其竞争吸附进行详细分析。

究其原因是当 HPHNA5 吸附时间较短时，减少了吸附剂表面的官能团（如羧基）与重金属离子位点结合的概率，加之 HPHNA5 的多孔结构的贡献，造成了吸附容量较小。但当吸附延长到一定时间时，HPHNA5 表面的官能团与重金属离子位点结合的概率增加，有效提高了吸附容量。当吸附时间持续增加时，由于重金属离子溶液中参与吸附的官能团逐渐达到饱和值，吸附逐渐趋于平衡，在 HPHNA5 时间在 $10\sim420\mathrm{min}$ 范围内，吸附剂对四种重金属离子的吸附容量不尽相同。综上所述，在以后的研究中选择 360min 的 HPHNA5 吸附时间研究气凝胶的吸附性能。

9.3.3.7 吸附动力学研究

为进一步探究 HPHNA5 对重金属离子的动力学吸附过程，对图 9-25 的实验结果采用 Lagergren 模型的准一级动力学曲线和准二级动力学拟合曲线进行拟合，结果见图 9-25 及表 9-7。

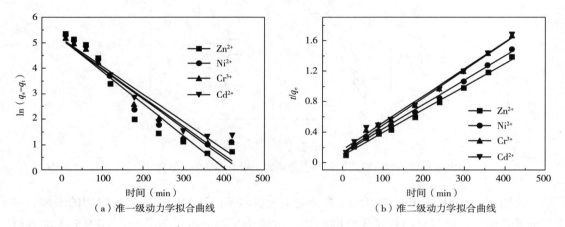

（a）准一级动力学拟合曲线　　　（b）准二级动力学拟合曲线

图 9-25　HPHNA5 对重金属离子的吸附 Lagergren 模型

表 9-7　HPHNA5 吸附金属的动力学参数

重金属离子	实测值（mg/g）	准一级动力学			准二级动力学		
		吸附平衡量 q_e（mg/g）	速率常数 k_1	相关系数 R^2	吸附平衡量 q_e（mg/g）	速率常数 k_2	相关系数 R^2
Zn^{2+}	296.2	263.5	5.15	0.9120	316.2	0.093	0.9956
Ni^{2+}	263.8	238.6	5.14	0.9215	286.6	0.109	0.9950
Cr^{3+}	246.6	216.6	5.10	0.9366	266.3	0.134	0.9942
Cd^{2+}	233.6	186.8	5.16	0.9250	356.4	0.165	0.9910

表 9-7 为 HPHNA5 吸附重金属离子的动力学参数。实验真实值与动力学模型的拟合结果之间用相关系数 R^2 表示，一般 R^2 越大，表明吸附过程与所选择的模型较相关。对比准一级动力学参数和准二级动力学参数，准二级动力学模型对两种染料的吸附过程模拟的相关系数 R^2 均大于 0.9910。估算的准二级动力学模型的吸附容量 q_e 与实测值 q_e 更接近，拟合结果表明准二级动力学模型能更精准地描述 HPHNA5 对重金属离子的吸附动力学过程。

9.3.3.8　吸附热力学研究

为了确定适宜精准的吸附温度，分别投入质量为 1.5g 的 HPHNA5 到 pH 为 6 的重金属离子溶液中，20℃（293K）、30℃（303K）和 40℃（313K）条件下，染料初始浓度分别选定 10mg/L、30mg/L、60mg/L、90mg/L、120mg/L、200mg/L、300mg/L、400mg/L、500mg/L、600mg/L 梯度时取水浴振荡 6h 后取采用 ICP-OES 测量重金属离子的浓度，吸附温度 T 与吸附容量 A 的关系，结果如图 9-26 所示。

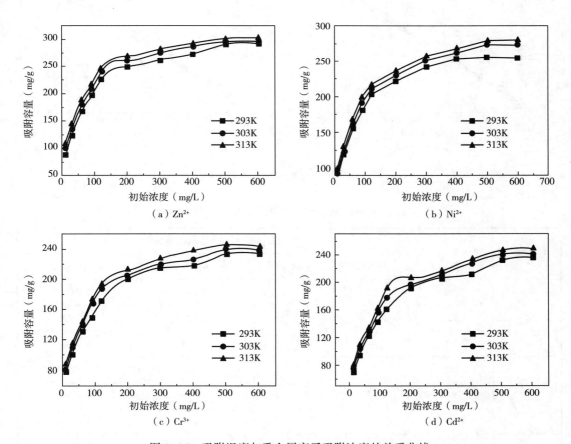

图 9-26　吸附温度与重金属离子吸附浓度的关系曲线

对图 9-26 的实验结果采用 Langmuir 吸附等温线模型进行拟合，结果参见图 9-27 及表 9-8。

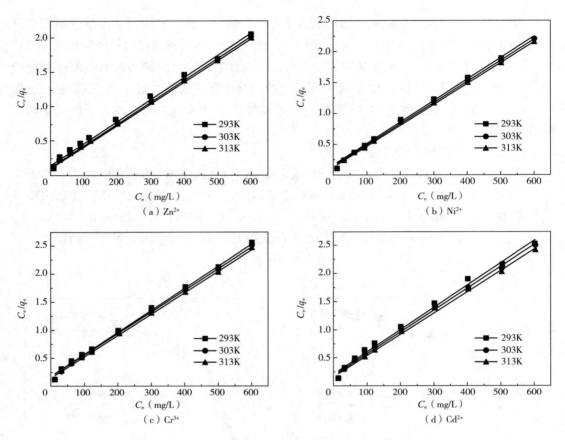

图 9-27　HPHNA5 对重金属离子的吸附等温线

表 9-8　HPHNA5 对重金属离子的吸附等温线参数

污染物	温度（K）	Langmuir 吸附等温线模型参数		
		最大吸附量 q_{max}（mg/g）	常数 K_L（L/mg）	相关系数 R^2
Zn^{2+}	293	305.2	0.149	0.9972
	303		0.123	0.9986
	313		0.113	0.9988
Ni^{2+}	293	282.1	0.161	0.9967
	303		0.145	0.9970
	313		0.137	0.9978
Cr^{3+}	293	246.8	0.175	0.9978
	303		0.158	0.9980
	313		0.149	0.9981

续表

污染物	温度（K）	Langmuir 吸附等温线模型参数		
		最大吸附量 q_{max}（mg/g）	常数 K_L（L/mg）	相关系数 R^2
Cd^{2+}	293		0.229	0.9978
	303	251.6	0.198	0.9980
	313		0.184	0.9981

根据 Clausius—Clapeyron 方程计算吸附吉布斯自由能 ΔG、吸附焓 ΔH 和吸附熵 ΔS 的表达式见式（9-11）和式（9-12）。

$$\Delta G = RT\ln K_L \tag{9-11}$$

$$\ln K_L = \frac{\Delta S}{R} - \frac{\Delta H}{RT} \tag{9-12}$$

式中：ΔG 为吸附自由能（kJ/mol）；K_L 为 Langmuir 常数；R 为气体普适常数 [8.314J/（mol·K）]；T 为绝对温度（K）；ΔS 为熵变 [J/（mol·K）]；ΔH 为吸附焓 （kJ/mol）。

由表 9-8 获得 HPHNA5 在不同温度下对重金属离子的吸附等温线参数 K_L，做出吸附等量线 $\ln K_L$—T^{-1}，将 $\ln K_L$ 和 T^{-1} 进行线性拟合呈良好的线性关系，对 Zn^{2+} 的相关系数 $R^2 = 0.92324$，对 Ni^{2+} 的相关系数 $R^2 = 0.94292$，对 Cr^{3+} 的相关系数 $R^2 = 0.95231$，对 Cd^{2+} 的相关系数 $R^2 = 0.930$，说明 Clausius—Clapeyron 方程服从吸附过程。由吸附等量线 $\ln K_L$—T^{-1} 线性拟合得出各等量吸附线的斜率和截距，如图 9-29 所示，可获得 $\Delta H/R$ 和 $\Delta S/R$ 的值，吸附等量线拟合曲线如图 9-28 所示，计算结果见表 9-9。

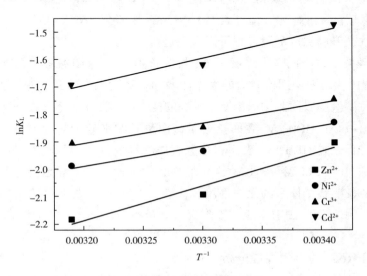

图 9-28 吸附等量线拟合曲线

表 9-9　吸附重金属离子 Zn^{2+}、Ni^{2+}、Cr^{3+}和 Cd^{2+}的热力学参数

污染物	T（K）	ΔH（kJ/mol）	ΔG（kJ/mol）	ΔS［J/（mol·K）］
Zn^{2+}	293	10.585	-4.637	52.058
	303		-5.270	
	313		-5.683	
Ni^{2+}	293	6.094	-4.449	36.050
	303		-4.864	
	313		-5.173	
Cr^{3+}	293	6.087	-4.246	35.270
	303		-4.648	
	313		-4.954	
Cd^{2+}	293	8.268	-3.591	40.540
	303		-4.079	
	313		-4.405	

　　由表 9-9 表明，吸附焓 ΔH 分别为 10.585kJ/mol、6.094kJ/mol、6.087kJ/mol 和 8.268kJ/mol，熵变 ΔS 分别为 52.058J/（mol·K）、36.05J/（mol·K）、35.27J/（mol·K）和 40.54J/（mol·K），均为正值，说明 HPHNA5 对 Zn^{2+}、Ni^{2+}、Cr^{3+} 和 Cd^{2+}的吸附反应为吸热过程，升高温度有利于吸附进行。吉布斯自由能 ΔG 的变化是衡量反应的动力学驱动力的一个非常重要的参数，$\Delta G>0$，不能自发进行吸附反应，$\Delta G<0$ 反应自发进行，$\Delta G=0$ 处于平衡，拟合结果获得 ΔG 为负值，充分证明 HPHNA5 对 Zn^{2+}、Ni^{2+}、Cr^{3+} 和 Cd^{2+}的吸附过程是自发进行的。结果表明 HPHNA5 对 Zn^{2+}、Ni^{2+}、Cr^{3+} 和 Cd^{2+}的吸附过程是一个吸热过程，升高温度吸附过程可以自发进行。

　　由表 9-9 表明，在不同吸附温度下 ΔS 均为正值，表明 HPHNA5 在吸附 Zn^{2+}、Ni^{2+}、Cr^{3+}和 Cd^{2+}过程中，溶液中固液界面的无序性增加。吸附熵变 ΔS 在整个过程由两部分组成。染料分子从溶液中吸附到 HPHNA5 表面和孔隙中，染料分子失去一部分平动和转动的自由度，熵值减小；HPHNA5 表面排列紧密而整齐的水分子解吸至自由运动状态，熵值增大。整个进程先是 HPHNA5 表面和孔隙表面的水分子大量解吸，然后是重金属离子从溶液相吸附到 HPHNA5 表面和孔隙，在整个吸附过程中的熵变是所述两个进程熵变的和。熵值为正，说明整个体系的无序性增强。在表 9-9 中，温度对熵变的影响小于吸附容量对熵变的影响，表明 HPHNA5 的吸附位点分布不均匀。

9.3.4　HPHNA 的再生性能分析

　　HPHNA5 对 Cr^{3+}、Ni^{2+}、Zn^{2+} 和 Cd^{2+} 5 次循环吸附对应的吸附容量如图 9-29 所示。在评价气凝胶作为吸附剂在实际应用中的价值时，再生性能是重要的评价指标之一，可

用此指标进一步探究吸附剂的吸附机理。HPHNA5 对 Cr^{3+}、Ni^{2+}、Zn^{2+} 和 Cd^{2+} 进行了 5 次吸附—解吸循环，图 9-29 为不同循环次数对应的吸附容量。实验结果表明，在经过 5 次再生循环后，HPHNA5 对 Cr^{3+}、Ni^{2+}、Zn^{2+} 和 Cd^{2+} 的饱和吸附容量可保持在原始值的 83% 以上。因此，HPHNA5 再生之后，吸附能力有所下降，但仍可继续循环使用，充分说明 HPHNA5 是具有潜力的良性可再生可降解的吸附剂。

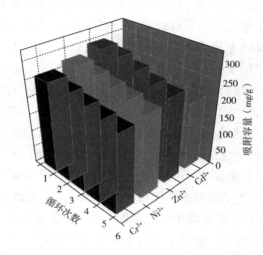

图 9-29　HPHNA5 对 Cr^{3+}、Ni^{2+}、Zn^{2+} 和 Cd^{2+} 5 次循环吸附对应的吸附容量

9.4　本章小结

本章研究了 HPHNA 对染料（MB、RH）和重金属离子（Zn^{2+}、Ni^{2+}、Cr^{3+} 和 Cd^{2+}）的吸附性能，采用单因素分析法探究 pH、吸附剂的用量、吸附时间、吸附温度以及不同染料的初始浓度对吸附性能的影响，并利用吸附动力学、吸附等温线和吸附热力学拟合吸附过程，得出吸附模型参数，深入探究气凝胶吸附剂的吸附机理。对指导后续的回收再利用研究，掌握 HPHNA 的再生性能，对于塑造具有吸附功能的 HPHNA 具有重要意义。得到的结果如下：

（1）吸附染料的实验结果显示，HPHNA5 的吸附效果是比较好的，作为研究吸附染料的气凝胶吸附剂。当 pH 增加到 12 时，HPHNA5 对亚甲基蓝的吸附容量达到最大，当 pH=4 时，HPHNA5 对罗丹明的吸附容量最高。当 HPHNA5 投入量达到 1.5g 时，HPHNA5 参与吸附的官能团（如羧基）与染料的结合位点达到饱和，HPHNA5 能够用来吸附的分子含量达到上限。当染料浓度达到 500mg/L 时，气凝胶上的吸附结合位点被利用得更加充分，从而导致吸附容量变化不明显。吸附时间在 60～720min 范围内，HPHNA5 对亚甲基蓝的吸附容量高于对罗丹明的吸附容量，600min 时气凝胶的吸附性能最佳。

（2）在对 HPHNA5 吸附染料性能单因素分析的基础上，采用 Langmuir 吸附等温线和 Freundlich 吸附等温线进行拟合探究吸附过程，Langmuir 吸附等温线模型对两种染料的吸附过程模拟的相关系数 R^2 均大于 0.9988，表明 Langmuir 吸附等温线模型的可行性可以很好地解释吸附过程。对比准一级动力学参数和准二级动力学参数，估算的准二级动力学模型的吸附容量 q_e 与实测值 q_e 更接近，拟合结果表明准二级动力学模型能更精准地描述 HPHNA5 对染料的吸附动力学过程。HPHNA5 对亚甲基蓝染料和罗丹明染料的吸附过程是一个吸热过程，升高温度吸附过程可以自发进行，温度对熵变的影响小于吸附容量对熵变的影响，表明 HPHNA5 吸附染料分子的吸附位点分布不均匀。

（3）吸附重金属离子的实验结果显示，在纳米纤维的高比表面积和 HPHNA5 多孔通道结构的双重贡献下，HPHNA5 气凝胶的结构是气凝胶中吸附效果比较好的。重金属离子溶液中 pH 较低时，溶液中 H^+ 的浓度逐渐减少，重金属离子同溶液中的 H^+ 竞争减少，导致吸附容量逐渐增加；当重金属离子溶液初始 pH 较高时，溶液中含有的 OH^- 会与重金属离子反应形成难溶的氢氧化物或氧化物，导致吸附容量开始下降，pH 为 6 时的吸附效果理想。HPHNA5 对四种重金属离子的吸附容量顺序为 $Zn^{2+} > Ni^{2+} > Cr^{3+} > Cd^{2+}$，当 HPHNA5 投入 1.5g 时对重金属离子的吸附性能理想。在 360min，500mg/L 时，HPHNA5 上的活性基团吸附位点达到饱和，较慢的吸附速率即可达到吸附平衡。

（4）在对 HPHNA5 吸附重金属离子单因素分析的基础上，采用 Langmuir 吸附等温线模型，HPHNA5 对四种重金属离子的 Langmuir 最大吸附容量分别为 313.9mg/g、309.6mg/g、306.6mg/g 和 300.6mg/g，与实测吸附容量非常接近，表明 Langmuir 吸附等温线模型的可行性，对重金属离子的去除属于单分子层吸附模型。准二级动力学模型估算的吸附容量 q_e 与实测值 q_e 更接近，表明准二级动力学模型能更精准地描述吸附动力学过程。HPHNA5 对 Zn^{2+}、Ni^{2+}、Cr^{3+} 和 Cd^{2+} 的吸附过程是一个吸热过程，升高温度吸附过程可以自发进行，温度对熵变的影响小于吸附容量对熵变的影响，表明 HPHNA5 吸附重金属离子的吸附位点分布不均匀。

（5）再生实验结果表明，经过 5 次再生循环后，HPHNA5 对 Cr^{3+}、Ni^{2+}、Zn^{2+} 和 Cd^{2+} 的饱和吸附容量可保持在原始值的 83% 以上，说明 HPHNA5 是具有潜力的良性可再生、可降解的吸附剂。

第 10 章　结论

研究秉承"绿色可持续发展、纤维的高值化应用"的理念，运用碱—氧联合化学脱胶法实现生物质桑皮纤维和棕榈纤维的制备，采用过硫酸铵氧化法制备桑皮纳米纤维和棕榈纳米纤维（AP–WPNF）。

研究采用绿色环境友好的过硫酸铵氧化法制备的纳米纤维，以桑皮纳米纤维的得率为目标，采用响应面法优化了制备工艺。作为天然多糖高分子材料，海藻酸钠具有 pH 敏感性，实验采用液滴—悬浮凝胶成球法，桑皮纤维/海藻酸钠凝胶球针对传统纤维素凝胶球在制备过程中，以海藻酸钠为官能性组件，通过共混法和液滴—悬浮凝胶成球法，制备出的桑皮纤维/海藻酸钠抗菌性复合水凝胶球，再通过冷冻干燥法制备出具有抗菌性核壳结构的多孔凝胶球。将桑皮纳米纤维、壳聚糖、海藻酸钠复合制备的凝胶球作为药物载体，避免了纯海藻酸钠气凝胶吸水溶胀后容易崩解分散，且强度和韧性不高，载药后容易造成药物突释的弊端。采用物理交联相结合的方法制备的具有互穿网络结构的复合凝胶球。

采用不同含量的棕榈纤维与海藻酸钠溶液复合交联形成水凝胶，冷冻干燥后形成具有三维网络的多孔棕榈纤维/海藻酸钠气凝胶（FW/SAA），开发具有保温、吸声、优良的压缩性能等复合功能的棕榈纤维/海藻酸钠气凝胶，采用过硫酸铵氧化法，经悬浊液—注模成型—高压匀质凝胶化—冷冻干燥制备不同组分的生物质棕榈纳米纤维气凝胶吸附剂材料（HPHNA），研究得出的结果如下。

（1）水凝胶的流变性能结果表明，六种水凝胶的流体类型为假塑性流体。凝胶中纤维素和海藻酸钠分子间的交联点增加，纤维素溶液体系中分子间的缠节点减少，其中 MB-SH4 的交联点最多，黏度也最大；随着纤维素含量的增加，流体的弹性模量增加的幅度大于黏性损耗模量增加的幅度。溶液会随着振幅频率的变化呈现不同的黏弹行为，当频率在 0~45rad/s 时，溶液表现出类凝胶状态，当频率>45rad/s 时，溶液属于类流体状态，综合分析可知 MBSH4 适宜制备凝胶球。

（2）单一组分的海藻酸钠凝胶球容易成形，在氯化钙溶液中也很容易让表面固化，外表有弹性，当放在真空冷冻干燥机中冷冻并真空干燥后，表面很脆、很硬、易碎、力学性能较差。桑皮纤维与海藻酸钠的混合能在一定程度上改善凝胶球的力学性能、球体内部的孔隙结构。通过 TM3030 形貌、XRD、红外光谱以及抗菌等测试得出，凝胶球的抗菌效果较为良好，可用于制备载药型桑皮纤维/海藻酸钠凝胶球。

（3）桑皮纤维/海藻酸钠凝胶球具有抑菌效果，在肠液中大约在 50h 达到释放平衡，药物释放量达到 86%。在肠液环境下，MBSA4 凝胶球基本在 60min 达到吸附平衡，平衡载药量为 1.98mg/mg。

（4）四个因素对桑皮纳米纤维的影响顺序为：温度>过硫酸铵溶液浓度>桑皮纳米纤

维质量>时间。根据方差分析和回归方程系数显著性检验结果，以 MNF 得率为寻优目标，得到优化结果为时间 16.05h，浓度 1.86mol/g，温度 66.73℃，纤维质量 2.18g，预测得出 MNF 得率为 35.96%。验证结果得到 MNF 得率平均值 35.68%，可见验证试验值与模型预测值比较接近，表明该模型预测结果良好。

（5）形貌结果表明桑皮纳米纤维的高度在 2.1~2.6nm，桑皮纳米纤维的长度在 197~351nm，桑皮纳米纤维的直径在 6~10nm，长径比可达 59。桑皮纳米纤维呈线条状，部分纤维搭接在一起。过硫酸铵氧化法制得的桑皮纳米纤维纳米级别高，长径比高，是具有良好吸附剂的基本性能指标之一。桑皮纳米纤维的比表面积大小为 82.18m²/g，这也是桑皮纳米纤维可以用于负载药物的原因之一。

（6）不同组分的桑皮纳米纤维/壳聚糖/海藻酸钠凝胶球呈内部疏松的核壳层次结构。随着桑皮纳米纤维含量的增加，MNSA5 和 MNSA6 的内部结构中桑皮纳米纤维与壳聚糖、海藻酸钠的交联比较充分，内部孔洞比较规律。制得的凝胶球平均直径为 2.8mm，不同组分桑皮纳米纤维/壳聚糖/海藻酸钠凝胶球的体积在真空冷冻干燥后会发生收缩，这与桑皮纳米纤维的添加量有关，桑皮纳米纤维的含量越多，交联越充分，骨架结构在干燥的过程中越不容易坍塌，所以体积收缩率整体下降。

（7）桑皮纤维凝胶球的密度比较小，随着凝胶球中桑皮纳米纤维添加量的增加，凝胶球的质量增加，体积也由 MNSA1 到 MNSA6 逐渐增加，MBSA5 凝胶球的体积略有减小，凝胶球的密度逐渐增加。MNSA5 凝胶球在碱性环境下的溶胀性能比较理想。经过 5 次循环挤压的 MNSA5 凝胶球的内部结构发生破坏，但仍表现出良好的循环再利用性。MNSA5 凝胶球具有优异的抑菌效果，在肠液中大约在 80h 达到释放平衡，药物释放量达到 95.4%。在肠液环境下，MNSA5 凝胶球基本在 80min 达到吸附平衡，平衡载药量为 2.08mg/mg。

（8）通过 X 射线衍射测试获得 29 组棕榈纤维的结晶度，建立棕榈纤维化学成分与结晶度 GM（1,4）的灰色模型，该模型的算术平均误差 $\delta = 0.109$，通过对模型分析得出棕榈纤维的半纤维素、木质素的含量越高，其结晶度越大；棕榈纤维的纤维素的含量越高，其结晶度越小。使用 Design Expert 8.0.6 软件所提供的 CCD 对 AP-WPNF 的制备进行 RSM（response surface methodology）设计，选取反应时间，过硫酸铵溶液浓度，温度，纤维质量对响应值棕榈纳米纤维的产率进行建模，验证试验值与模型预测值比较接近，证明模型预测结果良好。形貌分析得出 AP-WPNF 呈线条状，AP-WPNF 的高度在 2.6~15.1nm，AP-WPNF 的长度在 248~418nm，AP-WPNF 的直径在 37~75nm，长径比可达 15。过硫酸铵氧化法所制得的纳米纤维纳米级别高且长度和直径比较均一，合适的 AP-WPNF 悬浮液浓度是制备气凝胶的前驱体。AP-WPNF 保留了天然纤维素Ⅰ的结构，红外谱图出现新的羧基峰。AP-WPNF 的氧化度随着氧化时间的增加，纳米纤维素得率的变化趋势先增大后趋于平缓，氧化度最大达到 0.158。AP-WPNF 表面呈负电荷。通过分析氧化机理得出过硫酸铵氧化法将有机物氧化成水和二氧化碳，过程废水的主要成分为硫酸盐，绿色环保，因此，过硫酸铵氧化法有望成为制备纤维素纳米纤维素的高效方法之一。

（9）FW/SAA 由海藻酸钠形成片层结构，棕榈纤维贯穿交联在片层结构内部形成立体规则的网络空间结构。气凝胶经过 5 次循环吸水挤压后，达到溶胀平衡时的质量仍能维持在 566mg 左右。FW/SAA 经过 6 次循环压缩之后，强力均能达到原来的 91.8% 以上，气凝胶强度的增强归因于棒状棕榈纤维的加入与海藻酸钠交联性能的致密多孔结构。FW/SAA 是一种高孔隙率的材料，空气在气凝胶内部形成了很难流动的空间，加之棕榈纤维自身中空的结构优势，FW/SAA 的保温性能更加优良。FW/SAA 的平均吸声系数为 0.5。气凝胶进行超疏水改性整理时，当乙基三甲氧基硅烷的用量为 450μL 时，改性后的气凝胶具有显著的超疏水性，这些性能为 FW/SAA 在建筑保温领域、药物传递领域以及实现在油水分离方面的可持续应用提供了足够的保障。

（10）HPHNA1~HPHNA6 孔洞的变化趋势由原来松散无规律的孔洞逐渐演变为有规律的片层网络互穿结构，而片层表面形成尺度明显小于纤维片层间的孔洞。HPHNA 孔隙率保持在 90% 以上。经过高压匀质处理后气凝胶的结晶度都有所下降，无定形区的含量增加，有利于水分的渗透吸收。热稳定性结果表明 HPHNA1~HPHNA6 结构逐渐趋于紧致、热稳定性变得平稳。HPHNA1~HPHNA6 承受的压缩强度随着 AP-WPNF 含量的增加呈现先增加后趋于平缓的趋势，材料经 6 次压缩后压缩应力可以保持在原始应力的 80% 以上，结合比表面积和孔径分布的结果，说明该气凝胶材料可以作为绿色可持续的吸附应用材料。

（11）着重研究 HPHNA 对染料（MB、RH）和重金属离子（Zn^{2+}、Ni^{2+}、Cr^{3+} 和 Cd^{2+}）的吸附性能，单因素吸附染料实验结果表明，HPHNA5 作为气凝胶吸附剂，当 pH=12 时对亚甲基蓝吸附容量达到最大，pH=4 对罗丹明吸附容量最高，600min 时，染料浓度 500mg/L，投入 1.5g 的 HPHNA5 时，气凝胶的吸附性能最佳。在对吸附染料性能单因素分析的基础上，采用 Langmuir 吸附等温线模型和 Freundlich 吸附等温线模型对 HPHNA5 进行拟合探究吸附过程，Langmuir 吸附等温线模型对两种染料的吸附过程模拟的相关系数 R^2 均大于 0.9988，可以很好地解释吸附过程。对比准一级动力学参数和准二级动力学参数，拟合结果表明准二级动力学模型能更精准地描述 HPHNA5 对染料的吸附动力学过程。HPHNA5 对亚甲基蓝和罗丹明的吸附过程是一个吸热过程，升高温度吸附过程可以自发进行。

（12）吸附重金属离子单因素实验结果显示，在纳米纤维的高比表面积和 HPHNA5 多孔通道结构的双重贡献下，1.5g HPHNA5 作为气凝胶吸附剂，360min，溶液浓度 500mg/L，pH=6 时吸附效果理想。四种重金属离子的吸附容量顺序为 $Zn^{2+}>Ni^{2+}>Cr^{3+}>Cd^{2+}$。在对 HPHNA5 吸附重金属离子单因素分析的基础上，采用 Langmuir 吸附等温线模型，对四种重金属离子的 Langmuir 最大吸附容量分别为 313.9mg/g、309.6mg/g、306.6mg/g 和 300.6mg/g，与实测吸附容量非常接近，表明 Langmuir 吸附等温线模型的可行性，对重金属离子的去除属于单分子层吸附模型。准二级动力学模型估算的准二级动力学模型的吸附容量 q_e 与实测值 q_e 更接近，表明准二级动力学模型能更精准地描述吸附动力学过程。HPHNA5 对 Zn^{2+}、Ni^{2+}、Cr^{3+} 和 Cd^{2+} 的吸附过程是一个吸热过程，升高温度吸附过程可以自发进行，温度对熵变的影响小于吸附容量对熵变的影响，表明 HPHNA5 吸附重金属离子的吸附位点分布不均匀。

（13）再生实验结果表明，经过 5 次再生循环后，HPHNA5 对 Cr^{3+}、Ni^{2+}、Zn^{2+} 和 Cd^{2+} 的饱和吸附容量可保持在原始值的 83% 以上，说明 HPHNA5 是具有潜力的良性可再生可降解的吸附剂。

综上所述，本书研究制备出的凝胶球具有良好的载药释药特性和生物活性，有望成为一种载药的生物软组织修复工程领域应用。由于时间等多方面的原因，本研究与制备出的凝胶球尺寸较小，且结构均一性有待提高，在抗菌测试中，菌液从球体穿过的效果还需要进一步提高。但是凝胶球便于回收，抑菌性能良好，环保可重复利用。虽然目前凝胶球载药抗菌仅浮于理论，但通过不断地开发与研究，能够为提高和促进凝胶球抗菌载药、软组织受损修复提供新的理论方案。

研究基于微纳结构棕榈纤维气凝胶的制备、性能及应用，符合绿色可持续发展，开发的具有保温、吸声、优良的压缩性能等复合功能的棕榈纤维/海藻酸钠气凝胶，及其具有高比表面积、多孔通道结构的纳米纤维气凝胶吸附剂，为可再生生物质材料资源在基础领域和应用方面的研究提供了可以借鉴的思路和方法。鉴于课题研究时间所限，研究不够深入的地方是后面进一步深入开展研究的方向：

氧化法纳米纤维的结构变化的深入分析，如不同氧化时间、溶液浓度制备的纳米纤维结构变化。

纤维素气凝胶超疏水的改性方法很多，可选择化学改性制备超疏水纤维素气凝胶，并深入研究其在油水分离领域的应用。

探索气凝胶制备过程中不同的冷冻方式和干燥方式，比较不同冷冻方式和干燥方式与气凝胶结构的关系。

真实工业废水组分复杂，往往是几种重金属离子和染料等污染物的混合，因此探索气凝胶材料对污染物的竞争吸附很有必要。

参考文献

[1] HENRIKSSON, MARIELLE, BERGLUND, et al. Cellulose nanopaper structures of high toughness [J]. Biomacromolecules, 2008, 9 (6): 1579-1585.

[2] ABDUL KHALIL H P S, BHAT A H, IREANA YUSRA A F. Green composites from sustainable cellulose nanofibrils: A review [J]. Carbohydrate Polymers, 2012, 87 (2): 963-979.

[3] CHARREAU H, FORESTI M L, VAZQUEZ A. Nanocellulose patents trends: A comprehensive review on patents on cellulose nanocrystals, microfibrillated and bacterial cellulose [J]. Recent Patents on Nanotechnology, 2013, 7 (1): 56-80.

[4] MOON R J, MARTINI A, NAIRN J, et al. Cellulose nanomaterials review: structure, properties and nanocomposites [J]. Chemical society reviews, 2011, 40 (7): 3941-3994.

[5] JIANG F, ESKER A R, ROMAN M. Acid-catalyzed and solvolytic desulfation of H_2SO_4-hydrolyzed cellulose nanocrystals [J]. Langmuir, 2010, 26 (23): 17919-17925.

[6] IGUCHI M, YAMANAKA S, BUDHIONO A. Bacterial cellulose- a masterpiece of nature's arts [J]. Journal of materials science-materials in medicine, 2000, 35 (2): 261-270.

[7] HELBERT W, NISHIYAMA Y, OKANO T, et al. Molecular imaging of halocynthia papillosa cellulose [J]. Journal of structural biology, 1998, 124 (1): 42-50.

[8] KIM N H, HERTH W, VUONG R, et al. The cellulose system in the cell wall of Micrasterias [J]. Journal of structural biology, 1996, 117 (3): 195-203.

[9] DHEERAJ AHUJA, ANUPAMA KAUSHIK, MANDEEP SINGH. Simultaneous extraction of lignin and cellulose nanofibrils from waste jute bags using one pot pre-treatment [J]. International Journal of Biological Macromolecules, 2018, 107 (2): 1294-1301.

[10] JONATAN CAILLOUX, JEAN-MARIERAQUEZ, GIADALO RE, et al. Melt-processing of cellulose nanofibril/polylactide bionanocomposites via a sustainable polyethylene glycol-based carrier system [J]. Carbohydrate Polymers, 2019, 224 (11): 115-188.

[11] ARENAS-CARDENAS, PRISCILA, et al. Current pretreatments of lignocellulosic residues in the production ofbioethanol [J]. Waste Biomass Valorization, 2017, 8 (1): 161-181.

[12] DUFRESNE A. Nanocellulose Processing Properties and Potential Applications [J]. Current forestry reports, 2019, 5 (2): 76-89.

[13] KLEMM D, HEUBLEIN B, FINK H P, et al. Cellulose: fascinating biopolymer and sustainable raw material [J]. Angewandte chemie-international edition, 2005, 44 (22): 3358-3393.

[14] BENITEZ A J, WALTHER A. Cellulose nanofibril nanopapers and bioinspired nanocomposites: a review to understand the mechanical property space [J]. Journal of Materials Chemistry A, 2017, 5 (31): 16003-16024.

[15] ZHONG-XUAN BIAN, XIA-RAN MIAO, JIN-YOU LIN, et al. Extraction and structural investigation of jute cellulose nanofibers [J]. Nuclear science and techniques, 2018, 29 (7): 106.

[16] HABIBI Y, LUCIA L A, ROJAS O J. Cellulose nanocrystals: chemistry, self-assembly, and applications [J]. Chemical reviews, 2010, 110 (6): 3479-3500.

[17] KAMEL S. Nanotechnology and its applications in lignocellulosic composites, a mini review [J]. Express polymer letters, 2007, 1 (9): 546-575.

[18] DE MORAIS TEIXEIRA E, BONDANCIA T J, TEODORO K B R, et al. Sugarcane bagasse whiskers: Extraction and characterizations [J]. Industrial Crops and Products, 2011, 33 (1): 63-66.

[19] MORAIS J P S, ROSA M F, DE SOUZA FILHO M M, et al. Extraction and characterization of nanocellulose structures from raw cotton linter [J]. Carbohydrate Polymers, 2013, 91 (1): 229-235.

[20] ILYASL R A, SAPUAN S M, ISHAK M R. Isolation and characterization of nanocrystalline cellulose from sugar palm fibres (Arenga Pinnata) [J]. Carbohydrate polymers, 2018, 181: 1038-1051.

[21] ADRIANA DE CAMPOS, ALFREDO R, DE SENA NETO, et al. Production of cellulose nanowhiskers from oil palm mesocarp fibers by acid hydrolysis and microfluidization [J]. Journal of nanoscience and nanotechnology, 2017, 17 (7): 4970-4976.

[22] ESPINOSA S C, KUHNT T, FOSTER E J, et al. Isolation of thermally stable cellulose nanocrystals by phosphoric acid hydrolysis [J]. Biomacromolecules, 2013, 14 (4): 1223-1230.

[23] CHEN L, WANG Q, HIRTH K, et al. Tailoring the yield and characteristics of wood cellulose nanocrystals (CNC) using concentrated acid hydrolysis [J]. Cellulose, 2015, 22 (3): 1753-1762.

[24] CHEN L, ZHU J Y, BAEZ C, et al. Highly thermal-stable and functional cellulose nanocrystals and nanofibrils produced using fully recyclable organic acids [J]. Green Chemistry, 2016, 18 (13): 3835-3843.

[25] WANG R, CHEN L, ZHU J Y, et al. Tailored and integrated production of carboxylated cellulose nanocrystals (CNC) with nanofibrils (CNF) through maleic acid hydrolysis [J]. Chemnanomat, 2017, 3 (5): 328-335.

[26] QIN Y, QIU X, ZHU J Y. Understanding longitudinal wood Fiber ultra-structure for producing cellulose nanofibrils using disk milling with diluted acid prehydrolysis [J]. Scientific reports, 2016, 6 (10): 35602.

[27] ALEMDAR A, AIN M. Biocomposites from wheat straw nanofibers: morphology, thermal and mechanical properties [J]. Composites Science & Technology, 2008, 68 (2): 557-565.

[28] PAAKKONEN T, DIMIC-MISIC K, ORELMA H, et al. Effect of xylan in hardwood pulp on the reaction rate of TEMPO-mediated oxidation and the rheology of the final nanofibrillated cellulose gel [J]. Cellulose, 2016, 23 (1): 277-293.

[29] GAO YANHONG, SHI YU, TIAN CHAO, et al. Properties and preparation progress of microfibrillated cellulose: a review [J]. Chemical industry and engineering progress, 2017, 36 (1):

232-246.

[30] MOON R J, MARTINI A, NAIRN J, et al. Cellulose nanomaterials review: structure, properties and nanocomposites [J]. Chemical society reviews, 2011, 40 (7): 3941-3994.

[31] LAVOINE N, DESLOGES I, DUFRESNE A, et al. Microfibrillated cellulose-its barrier properties and applications in cellulosic materials: a review [J]. Carbohydrate Polymers, 2012, 90 (2): 735-764.

[32] ISOGAI A. Wood nanocelluloses: fundamentals and applications as new bio-based nanomaterials [J]. Wood science and technology, 2013, 59 (6): 449-459.

[33] LINDSTRÖM T, AULIN C. Market and technical challenges and opportunities in the area of innovative new materials and composites based on nanocellulosics [J]. Scandinavian journal of forest research, 2014, 29 (4): 345-351.

[34] OSONG S H, NORGREN S, ENGSTRAND P. Processing of wood-based microfibrillated cellulose and nanofibrillated cellulose, and application srelating to papermaking: a review [J]. Cellulose, 2015, 23 (1): 1-31.

[35] KIM JOO-HYUNG, SHIM BONG SUP, KIM HEUNG SOO. Review of Nanocellulose for Sustainable Future Materials [J]. International Journal of Precision Engineering and Manufactring-green Technology, 2015, 2 (2): 197-213.

[36] LINDSTRÖM T, AULIN C. Market and technical challenges and opportunities in the area of innovative new materials and composites based on nanocellulosics [J]. Scandinavian Journal of Forest Research, 2014, 29 (4): 345-351.

[37] 翟莉莉, 张佑红, 耿安利. 碱法预处理棕榈空果串纤维及其酶解糖化效果 [J]. 广东化工, 2015, 42 (13): 25-26.

[38] 刘鑫, 吴智慧, 张继雷. 加热温度和时间对棕榈纤维拉伸性能的影响 [J]. 南京林业大学学报, 2016, 40 (2): 149-154.

[39] 李佳丽. 棕榈叶鞘基活性炭的制备及吸附性能研究 [D]. 重庆: 西南大学, 2016.

[40] 王寒, 吕海宁, 马宇洁, 等. 棕榈纤维双氧水漂白工艺探讨 [J]. 染整技术, 2017, 39 (10): 5-8.

[41] 王蜀. 棕榈纤维紫外屏蔽性能及其机理研究 [D]. 重庆: 西南大学, 2017.

[42] 谷昊伟. 棕榈纤维弹性材料的基础研究及优化设计 [D]. 广州: 暨南大学, 2015.

[43] CHANGJIE CHEN, GUICUI CHEN, GUANGXIANG SUN, et al. Windmill Palm Fiber/Polyvinyl Alcohol Nonwoven Fibrous Polymeric Materials [J]. Journal of Engineered Fibers and Fabrics, 2016, 11 (4): 1-9.

[44] CHANGJIE CHEN, GUANGXIANG SUN, GUICUI CHEN, et al. Microscopic structural features and properties of single fibers from different morphological parts of the windmill palm [J]. Bioresoure, 2016, 12 (2): 3504-3520.

[45] CHANGJIE CHEN, GUICUI CHEN, XIN LI, et al. The influence of chemical treatment on the mechanical properties of windmill palm fiber [J]. Cellulose, 2017, 24 (4): 1611-1620.

[46] CHANGJIE CHEN, ZHONG WANG, YOU ZHANG, et al. Investigation of the hydrophobic and acoustic properties of bio windmill palm materials [J]. Scientific Reports, 2018, 8

169

（7）：13419.

[47] SANDRA A. NASCIMENTO, CAMILA A. REZENDE. Combined approaches toobtain cellulose nanocrystals, nanofibrils and fermentable sugars from elephant grass [J]. Carbohydrate polymers, 2018, 180（1）：38-45.

[48] ISOGAI A, SAITO T, FUKUZUMI H. TEMPO-oxidized cellulose nanofibers [J]. Nanoscale, 2011, 3（1）：71-85.

[49] YASUTAKA NAKAMURA, YUKO ONO, TSUGUYUKI SAITO, et al. Characterization of cellulose microfibrils, cellulose molecules, and hemicelluloses in buckwheat and rice husks [J]. Cellulose, 2019, 26（11）：6529-6541.

[50] SAITO T, KIMURA S, NISHIYAMA Y, et al. Cellulose nanofibers prepared by TEMPO-mediated oxidation of native cellulose [J]. Biomacromolecules, 2007, 8（8）：2485-2491.

[51] OKITA Y, SAITO T, ISOGAI A. Entire surface oxidation of various cellulose Microfibrils by TEMPO-mediated oxidation [J]. Biomacromolecules, 2010, 11（6）：1696-1700.

[52] HIROTA M, FURIHATA K, SAITO T, et al. Glucose/glucuronic acid alternating co-polysaccharides prepared from TEMPO-oxidized native celluloses by surface peeling [J]. Angewandte chemie international edition, 2010, 49（42）：7670-7672.

[53] JUNG-HWAN KIM, DONGGUE LEE, YONG-HYEOK LEE, et al. Nanocellulose for Energy Storage Systems: Beyond the Limits of Synthetic Materials [J]. Advanced Materials, 2019, 31（20）：1804826.

[54] AKIRA ISOGAI, TUOMAS HÄNNINENB, SHUJI FUJISAWAA, et al. Review: Catalytic oxidation of cellulose with nitroxyl radicals under aqueous conditions [J]. Progress in Polymer Science, 2018, 86（11）：122-148.

[55] JINZE DOU, HUIYANG BIAN, DANIEL J. YELLE, et al. Lignin containing cellulose nanofibril production from willow bark at 80℃ using a highly recyclable acid hydrotrope [J]. Industrial Crops & Products, 2019, 129（3）：15-23.

[56] LIHUI GU, BO JIANG, JUNLONG SONG, et al. Effect of lignin on performance of lignocellulose nanofibrils for durable superhydrophobic surface [J]. Cellulose, 2019, 26（2）：933-944.

[57] JINGYUAN XU, ELIZABETH F, KRIETEMEYER, et al. Production and characterization of cellulose nanofibril（CNF）from agricultural waste corn stover [J]. Carbohydrate Polymers, 2018, 192（7）：202-207.

[58] RIM BAATIA, AYMAN BEN MABROUK, ALBERT MAGNIN, et al. CNFs from twin screw extrusion and high pressure homogenization: A comparative study [J]. Carbphydrate Polymers, 2018, 195（12）：321-328.

[59] DONG X M, REVOL J F, GRAY D G. Effect of microcrystallite preparation conditionson the formation of colloid crystals of cellulose [J]. Cellulose, 1998, 5（1）：19-32.

[60] HULT E L, IVERSEN T, SUGIYAMA J. Characterization of the supermolecular structure of cellulose in wood pulp fibres [J]. Cellulose, 2003, 10（2）：103-110.

[61] JANARDHNAN S, SAIN M M. Isolation of cellulose microfibrils-an enzymatic approach [J].

Bioresources, 2007, 1 (2): 176-188.

[62] PANEE PANYASIRI, NAIYASIT YINGKAMHAENG, NGA TIEN LAM, et al. Extraction of cellulose nanofibrils from amylase-treated cassava bagasse using high-pressure homogenization [J]. Cellulose, 2018, 25 (3): 1757-1768.

[63] PIERRE A C, PAJONK G M. Chemistry of aerogels and their applications [J]. Chemical Reviews, 2002, 102 (11): 4243-4266.

[64] KISTLER S. Coherent expanded aerogels and jellies [J]. Nature, 1931, 127 (1): 741.

[65] KISTLER S. Coherent expanded-aerogels [J]. Journal of physical chemistry, 1932, 36 (1): 52-64.

[66] 陶丹丹, 白绘宇, 刘石林, 等. 纤维素气凝胶材料的研究进展 [J]. 纤维素科学与技术, 2011, 19 (2): 64-75.

[67] MOON R J, MARTINI A, NAIRN J, et al. Cellulose nanomaterials review: Structure, properties and nanocomposites [J]. Chemical Society Reviews, 2011, 40 (7): 3941-3994.

[68] ELIZABETH BARRIOS, DAVID FOX, YUEN YEE LI SIP, et al. Nanomaterials in advanced, high-performance aerogel composites: A Review [J]. Polymers, 2019, 11 (4): 726.

[69] KABIRI S, TRAN DNH, AZARI S, et al. Graphenediatom silica aerogels for efficient removal of mercury ions from water [J]. ACS Applied Materials & Interfaces, 2015, 7 (22): 11815-11823.

[70] FU J J, HE C X, WANG S Q, et al. A thermally stable and hydrophobic composite aerogel made from cellulose nanofibril aerogel impregnated with silica particles [J]. Journal of Materials Science, 2018, 53 (9): 7072-7082.

[71] JIANG F, LIU H, LI YJ, et al. Lightweight, mesoporous, and highly absorptive allnanofiber aerogel for efficient solar steam generation [J]. ACS Applied Materials & Interfaces, 2018, 10 (1): 1104-1112.

[72] ARABY S, QIU A, WANG R, et al. Aerogels based on carbon nanomaterials [J]. Journal of Materials Science, 2016, 51 (20): 9157-9189.

[73] NATHALIE FAVRE, YASSER AHMAD, ALAIN C PIERRE. Biomaterials obtained by gelation of silica precursor with CO_2 saturated water containing a carbonic anhydrase enzyme [J]. Advances in sol-gel derived materials and technologies, 2011, 58 (2): 442-451.

[74] VINATINER C, GAUTHIER O, FATIMI A, et al. An injectable cellulose-based hydrogel for the transfer of autologous nasal chondrocytes in articular cartilage defects [J]. Biotechnology and Bioengineering, 2009, 102 (4): 1259-1267.

[75] CHANG C, DUAN B, CAI J, et al. Superabsorbent hydrogels based on cellulose for smart swelling and controllable delivery [J]. European Polymer Journal, 2010, 46 (1): 92-100.

[76] MORENO-CASTILLA C, MALDONADO-HÓDAR FJ. Carbon aerogels for catalysis applications: an overview [J]. Carbon, 2005, 43 (3): 455-465.

[77] BENDAHOU D, BENDAHOU A, SEANTIER B, et al. Nanofibrillated cellulose-zeolites based new hybrid composites aerogels with super thermal insulating properties [J]. Industrial crops and products. 2015, 65 (3): 374-382.

[78] ZHANG Y, ZUO L, ZHANG L, et al. Cotton wool derived carbon fiber aerogel supported few-layered MoSe$_2$ nanosheets as efficient electrocatalysts for hydrogen evolution [J]. ACS Applied Materials & Interfaces, 2016, 8 (11): 7077-7085.

[79] XU X, ZHOU J, NAGARAJU DH, et al. Flexible, highly graphitized carbon aerogels based on bacterial cellulose/lignin: catalyst-free synthesis and its application in energy storage devices [J]. Advanced Functional Materials, 2015, 25 (21): 3193-3202.

[80] HU H, ZHAO Z, GOGOTSI Y, et al. Compressible carbon nanotube-graphene hybrid aerogels with superhydrophobicity and superoleophilicity for oil sorption [J]. Environmental science & technology letters, 2014, 1 (3): 214-220.

[81] WAN W, ZHANG R, LI W, et al. Graphene-carbon nanotube aerogel as an ultra-light, compressible and recyclable highly ecient absorbent for oil and dyes [J]. Environmental Science: Nano, 2016 (3): 107-113.

[82] WANG Q, YANG Z M. Industrial water pollution, water environment treatment, and health risks in China [J]. Environmental Pollution, 2016 (218): 358-365.

[83] LI Q Y, ZHOU D D, ZHANG PL, et al. The BiOBr/regenerated cellulose composite film as a green catalyst for light degradation of phenol [J]. Colloid Surface Physicochem Eng Aspect, 2016, 501 (7): 132-137.

[84] WANG J L, CHEN C. Biosorbents for heavy metals removal and their future [J]. Biotechnology advances, 2009, 27 (2): 195-226.

[85] BAO L J, MARUYA K A, SNYDER S A, et al. China's water pollution by persistent organic pollutants [J]. Environmental pollution, 2012, 163 (4): 100-108.

[86] SUN J C, FAN H, NAN B, et al. Fe$_3$O$_4$@LDH@Ag/Ag$_3$PO$_4$ submicrosphere as a agnetically separable visiblelight photocatalyst [J]. separation and purification technology, 2014 (130): 84-90.

[87] JIANG W J, WU L N, DUAN J L, et al. Ultrasensitive electrochemiluminescence immunosensor for 5-hydroxymethylcytosine detection based on Fe$_3$O$_4$@SiO$_2$ nanoparticles and PAMAM dendrimers [J]. Biosens Bioelectron, 2018, 99 (1): 660-666.

[88] SHEN L L, ZHANG G R, LI W, et al. Modifier-free microfluidic electrochemical sensor for heavymetal detection [J]. ACS Omega, 2017, 2 (8): 4593-4603.

[89] CAO C Y, CUI Z M, CHEN C Q, et al. Ceria hollow nanospheres produced by a template-free microwaveassisted hydrothermal method for heavy metal ion removal and catalysis [J]. Journal of Physical Chemistry C, 2010, 114 (21): 9865-9870.

[90] PHOEBE Z R, HEATHER J S. Inorganic nano-adsorbents for the removal of heavy metals and arsenic: a review [J]. RSC Advances, 2015, 5 (38): 29885-29907.

[91] WANG X Q, LIU W X, TIAN J, et al. Cr (Ⅵ), Pb (Ⅱ), Cd (Ⅱ) adsorption properties of nanostructured BiOBr microspheres and their application in a continuous filtering removal device for heavy metal ions [J]. Journal of Materials Chemistry A, 2014, 2 (8): 2599-2608.

[92] MERCY R B, SIDDULU N T, STALIN J, et al. Recent advances in functionalized micro and mesoporous carbon materials: synthesis and applications [J]. Chemical society reviews, 2018,

47（8）：2680-2721.

［93］CHEN C J, SONG J W, ZHU S Z, et al. Scalable and sustainable approach toward highly compressible, anisotropic, lamellar carbon sponge［J］. Chemistry, 2018, 4（3）：544-554.

［94］YIN K, YANG S, DONG X R, et al. Robust laser-structured asymmetrical PTFE mesh for underwater directional transportation and continuous collection of gas bubbles［J］. Applied Physics Letters, 2018, 112（24）：243701.

［95］YIN K, CHU D K, DONG X R, et al. Femtosecond laser induced robust periodic nanoripple structured mesh for highly efficient oil-water separation［J］. Nanoscale, 2017, 9（37）：14229-14235.

［96］KABIRI S, TRAN D N H, AZARI S, et al. Graphenediatom silica aerogels for efficient removal of mercury ions from water［J］. ACS Applied Materials & Interfaces, 2015, 7（22）：11815-11823.

［97］FU J J, HE C X, WANG S Q, et al. A thermally stable and hydrophobic composite aerogel made from cellulose nanofibril aerogel impregnated with silica particles［J］. Journal of materials science, 2018, 53（9）：7072-7082.

［98］JIANG F, LIU H, LI Y J, et al. Lightweight, mesoporous, and highly absorptive all nanofiber aerogel for efficient solar steam generation［J］. ACS Applied Materials & Interfaces, 2018, 10（1）：1104-1112.

［99］HONGJUAN GENG. A facile approach to light weight, high porosity cellulose aerogels［J］. International Journal of Biological Macromolecules, 2018（118）：921-931.

［100］XUEXIA ZHANG, MINGHUI LIU, HANKUN WANG, et al. Ultralight, hydrophobic, anisotropic bamboo-derived cellulose nanofibrils aerogels with excellent shape recovery via freeze-casting［J］. Carbohydrate Polymers, 2019（208）：232-240.

［101］XUEHUA LIU, MINGCONG XU, BANG AN, et al. A facile hydrothermal method-fabricated robust and ultralight weight cellulose nanocrystal-based hydro/aerogels for metal ion removal［J］. Environmental Science and Pollution Research, 2019, 26（25）：25583-25595.

［102］DINH DUC NGUYEN, CUONG MANH VU, HUONG THI VU, et al. Micron-Size White Bamboo fibril-based silane cellulose aerogel：fabrication and oil absorbent characteristics［J］. Materials, 2019, 12（9）：1407.

［103］CUIHUA TIAN, JIARONG SHE, YIQIANG WU, et al. Reusable and Cross-Linked Cellulose Nanofibrils Aerogel for the Removal of Heavy Metal Ions［J］. Polymer Composites, 2018, 39（12）：4442-4451.

［104］KASCHUK J J, FROLLINI E. Effects of average molar weight, crystallinity, and hemicelluloses content on the enzymatic hydrolysis of sisal pulp, filter paper, and microcrystalline cellulose［J］. Industrial Crops and Products, 2018, 115（5）：280-289.

［105］ZHAI S C, PAN D G, SUGIYAMA, et al. Tensile strength of windmill palm（Trachycarpus fortunei）fiber bundles and its structural implications［J］. Journal Materials Science, 2012, 47（2）：949-959.

［106］ALAJMI M, SHALWAN A. Correlation between mechanical properties with specific wear rate

and the coefficient of friction of graphite/epoxy composites ［J］. Materials, 2015, 8 (7):
4162-4175.

［107］ CHEN C, et al. The influence of chemical treatment on the mechanical properties of windmill
palm fiber ［J］. Cellulose, 2017, 24 (4): 1611-1620.

［108］ LIU X, et al. Tensile and bending properties and correlation of windmill palm fiber ［J］.
Bioresources, 2017, 12 (2): 4342-4351.

［109］ CHEN C, et al. Microscopic structural features and properties of single fibers from different
morphological parts of the windmill palm ［J］. Bioresources, 2017, 12 (2): 3504-3520.

［110］ CSISZAR E, FEKETE E. Microstructure and surface properties of fibrous and ground cellulosic
substrates ［J］. Langmuir, 2011, 27 (13): 8444-8450.

［111］ NISHIYAMA Y, et al. Periodic disorder along ramie cellulose microfibrils ［J］. Biomacromol-
ecules, 2003, 4 (4): 1013-1017.

［112］ AGARWAL U P, et al. New cellulose crystallinity estimation method that differentiates between
organized and crystallinity phases ［J］. Carbohydrate Polymers, 2018, 190 (6): 262-270.

［113］ YUNOS, NOOR SERIBAINUN HIDAYAH M D, BAHARUDDIN AZHARI SAMSU, et al. The
physicochemical characteristics of residual oil and fibers from oil palm empty fruit bunches
［J］. Bioresources, 2014, 10 (1): 14-29.

［114］ QINGLI WANG, XIANGYANG SHI, JI-HUANHE, et al. Fractal calculus and its application
to explanation of biomechanism of polar bear hairs ［J］. Fractals-complex geometry patterns
and scaling in nature and society, 2018, 26 (6): 1850086.

［115］ CHANGJIE CHEN, WEIWEI YIN, GUICUI CHEN, et al. Effects of biodegradation on the
structure and properties of windmill palm (Trachycarpus fortunei) fibers using different chemi-
cal treatments ［J］. Materials, 2017, 10 (5): 2-10.

［116］ FANZHANG, MIN CHEN, SHENG HU, et al. Chemical treatments on the cuticle layer enhan-
cing the uranium (VI) uptake from aqueous solution by amidoximated wool fibers ［J］. Journal
of Radioanalytical and Nuclear Chemistry, 2017, 314 (3): 1927-1937.

［117］ FU-JUAN LIU, HONG-YAN LIU, ZHENG-BIAO LI, et al. Delayed fractional model for co-
coon heat-proof property ［J］. Thermal Science, 2017, 21 (4): 1867-1871.

［118］ 李晓峰, 罗佑新. 苎麻纤维细度测试的灰色优化 GM (1, 2) 模型与误差分析 ［J］. 应
用科学学报, 2003, 21 (1): 25-29.

［119］ LIN CHEN, ZENGZHENG WANG, ZHIQIANG LU, et al. A novel state-of-charge estimation
method of lithium-ion batteries combining the grey model and genetic algorithms ［J］. IEEE
Transactions on Power Electronics, 2018, 33 (10): 8797-8807.

［120］ ANAND G, ALAGUMURTHI N, ELANSEZHIAN R, et al. Investigation of drilling parameters
on hybrid polymer composites using grey relational analysis, regression, fuzzy logic, and ANN
models ［J］. Journal of the Brazilian Society of Mechanical Sciences and Engineering, 2018,
40 (4): 2-20.

［121］ XIWEN WANG, JIAN HU, YUN LIANG, et al. TCF bleaching character of soda-anthraqui-
none pulp from oil palm frond ［J］. Bioresources, 2011, 7 (1): 275-282.

[122] KHALIL ABDUL H P S, LAI TZE KIAT, TYE YING YING, et al. Preparation and Characterization of Microcrystalline Cellulose from sacred bali bamboo as reinforcing filler in seaweed-based composite film [J]. Fibers and polymers, 2018, 19 (2): 423-434.

[123] AGUSTIN-SALAZAR SARAI, CERRUTI PIERFRANCESCO, ANGEL MEDINA-JUAREZ LUIS, et al. Lignin and holocellulose from pecan nutshell as reinforcing fillers in poly (lactic acid) biocomposites [J]. International Journal of Biological Macromolecules, 2018, 115 (8): 727-736.

[124] GUIMARAES J L, WYPYCH F, SAUL C K, et al. Studies of the processing and characterization of corn starch and its composites with banana and sugarcane fibers from Brazil [J]. Carbohydrate Polymers, 2009, 80 (1): 130-138.

[125] TAPPI T203 cm-09 (2009). "Alpha-, beta- and gamma-cellulose in pulp," TAPPI Press, Atlanta, GA.

[126] LAN WU, LU FACHUANG, REGNER MATTHEW, et al. Tricin, a flavonoid monomer in monocot lignification [J]. Plant Physiology 2015, 167 (4): 1284-1295.

[127] TAPPI T222 cm-11 (2011). "Acid-insoluble lignin in wood and pulp," TAPPI Press, Atlanta, GA.

[128] 邓聚龙. 灰色控制系统 [M]. 武汉: 华中科技大学出版社, 1993.

[129] GOH KAR YIN, CHING YERN CHEE, CHUAH CHENG HOCK, et al. Individualization of microfibrillated celluloses from oil palm empty fruit bunch: Comparative studies between acid hydrolysis and ammonium persulfate oxidation [J]. Cellulose, 2016, 23 (1): 379-390.

[130] XUE YANG, FUYI HAN, CHUNXIA XU, et al. Effects of preparation methods on the morphology and properties of nanocellulose (NC) extracted from corn husk [J]. Industrial Crops and Products, 2017, 109 (12): 241-247.

[131] FORTUNATI E, PUGLIA D, MONTI M, et al. Okra (Abelmoschus esculentus) Fibre Based PLA Composites: Mechanical Behaviour and Biodegradation [J]. Journal of Polymers and the Environment, 2013, 21 (3): 726-737.

[132] HOUYONG YU, ZONGYI QIN, BANGLEI LIANG, et al. Facile extraction of thermally stable cellulose nanocrystals with a high yield of 93% through hydrochloric acid hydrolysis under hydrothermal conditions [J]. Journal of Materials Chemistry A, 2013, 1 (12): 3938-3944.

[133] KARGARZADEH HANIEH, AHMAD ISHAK, ABDULLAH IBRAHIM, et al. Effects of hydrolysis conditions on the morphology, crystallinity, and thermal stability of cellulose nanocrystals extracted from kenaf bast fibers [J]. Cellulose, 2012, 19 (3): 855-866.

[134] MANDAL ARUP, CHAKRABARTY DEBABRATA. Isolation of nanocellulose from waste sugarcane bagasse (SCB) and its characterization [J]. Carbohydrate Polymers, 2011, 86 (3): 1291-1299.

[135] YOU WEI CHEN, HWEI VOON LEE, JOON CHING JUAN, et al. Production of new cellulose nanomaterial from red algae marine biomass Gelidium elegans [J]. Carbohydrate Polymers, 2016, 151 (10): 1210-1219.

[136] COELHO DE CARVALHO BENINI, KELLY CRISTINA, CORNELIS VOORWALD, et al.

Preparation of nanocellulose from Imperata brasiliensis grass using Taguchi Method [J]. Carbohydrate Polymers, 2018, 192 (7): 337-346.

[137] LESZCZYNSKA AGNIESZKA, STAFIN KRZYSZTOF, PAGACZ JOANNA, et al. The effect of surface modification of microfibrillated cellulose (MFC) by acid chlorides on the structural and thermomechanical properties of biopolyamide 4.10 nanocomposites [J]. Industrial Crops & Products, 2018, 116: 97-108.

[138] XUE YANG, FUYI HAN, CHUNXIA XU, et al. Effects of preparation methods on the morphology and properties of nanocellulose (NC) extracted from corn husk [J]. Industrial crops and products, 2017, 109 (12): 241-247.

[139] 刘双, 张洋, 江华, 等. 球形纤维素纳米纤丝气凝胶的制备及性能表征 [J]. 生物质化学工程, 2018 (6): 1673-5854.

[140] ROSA M F, MEDEIROS E S, MALMONGE J A, et al. Cellulose nanowhiskers from coconut husk fibers: Effect of preparation conditions on their thermal and morphological behavior [J]. Carbohydrate Polymers, 2010, 81 (1): 83-92.

[141] SUKYAI P, ANONGJANYA P, BUNYAHWUTHAKUL N, et al. Effect of cellulose nanocrystals from sugarcane bagasse on whey protein isolate-based films [J]. Food research international, 2018 (107): 528-535.

[142] XUE YANG, FUYI HAN, CHUNXIA XU, et al. Effects of preparation methods on the morphology and properties of nanocellulose (NC) extracted from corn husk [J]. Industrial Crops & Products, 2017 (109): 241-247.

[143] AZIZI SAMIR M A S, ALLOIN F, DUFRESNE A. Review of Recent Research Into Cellulosic Whiskers, Their Properties and Their Application in Nanocomposite Field [J]. Biomacromolecules, 2005, 6 (2): 612-626.

[144] MISSOUM K, MARTOIA F, BELGACEM M N, et al. Effect of chemically modified nanofibrillated cellulose addition on the properties of fiber-based materials [J]. Instrial crops and products, 2013 (48): 98-105.

[145] CHANGJIE CHEN, GUICUI CHEN, ZHONG WANG, et al. Optimization for alkali extraction of windmill palm fibril [J]. The Journal of The Textile Institute, 2018, 109 (8): 983-989.

[146] ADINARAYANA K, ELLAIAH P, SRINIVASULU B, et al. Response surface method of logical approach to optimize the nutritional parameters for neomyc in production by Streptomyces marinensis under solid-state fermentation [J]. Process Biochemistry. 2003, 38 (11): 1565-1572.

[147] OKSMAN K, ETANG J A, MATHEW A P, et al. Cellulose nanowhiskers separated from a bio-residue from wood bioethanol production [J]. Biomass and Bioenergy, 2011, 35 (1): 146-152.

[148] YANG Q L, SAITO T, BERGLUND L A, et al. Cellulose nanofibrils improve the properties of all-cellulose composites by the nano-reinforcement mechanism and nanofibril-induced crystallization [J]. Nanoscale, 2015, 42 (7): 17957-17963.

[149] ISOGAI A, SAITO T, FUKUZUMI H. TEMPO-oxidized cellulose nanofibers [J]. Nanoscale,

2011, 3 (1): 71-85.

[150] SAITO T, KIMURA S, NISHIYAMA Y, et al. Cellulose nanofibers prepared by TEMPO-mediated oxidation of native cellulose [J]. Biomacromolecules, 2007, 8 (8): 2485-2491.

[151] HAN BINBIN, HAN YUANSHUAI, WU YU, et al. Preparation and characterizations of cellulose nanocrystals from hybrid poplar residue by ammonium persulfate oxidation [J]. Biomass Chemical Engineering, 2017, 51 (4): 33-38.

[152] 戴达松. 大麻纳米纤维素的制备、表征及应用研究 [D]. 福州: 福建农林大学, 2011.

[153] SAITO T, NISHIYAMA Y, PUTAUX J L, et al. Homogeneous suspensions of individualized microfibrils from TEMPO-catalyzed oxidation of native cellulose [J]. Biomacromolecules, 2006, 7 (6): 1687-1691.

[154] KARUPPAIYA M, SASIKUMAR E, VIRUTHAGIRI T, et al. Optimization of process conditions using response surface methodology (RSM) for ethanol production from waste cashew apple juice by Zymomonas mobilis [J]. Asian Journal of Food and Agro-Industry, 2019, 196 (11): 1425-1435.

[155] XIAOYU WANG, YANG ZHANG, HUA JIANG, et al. Analysis of the Characteristic for the Cellulose Nanocrystals Prepared with Oxidative Degradation [J]. Journal of Northeast Forestry University, 2016, 31 (4): 246-251.

[156] SANDRA A. NASCIMENTO, CAMILA A. Rezende. Combined approaches to obtain cellulose nanocrystals, nanofibrils and fermentable sugars from elephant grass [J]. Carbohydrate Polymers, 2018 (180): 38-45.

[157] DONG L L, CAO G L, ZHAO L, et al. Alkali/urea pretreatment of rice straw at low temperature for enhanced biological hydrogen production [J]. Bioresoure. Technology, 2018 (267): 71-76.

[158] 陈理恒. 基于酸处理的木质纤维酶水解及纳米纤维素特性的研究 [D]. 广州: 华南理工大学, 2016.

[159] 陈珊珊. 葵花籽壳纳米纤维素的制备及其在大豆分离蛋白基可食膜中的应用 [D]. 长春: 吉林大学, 2016.

[160] JONOOBI M, OLADI R, DAVOUDPOUR Y, et al. Different preparation methods and properties of nanostructured cellulose from various natural resources and residues: a review [J]. Cellulose. 2015, 22 (2): 935-969.

[161] TAHERI H, SAMYN P. Effect of homogenization (microfluidization) process parameters in mechanical production of micro- and nanofibrillated cellulose on its rheological and morphological properties [J]. Cellulose, 2016, 23 (2): 1221-1238.

[162] TIAN C, YI J, WU Y, et al. Preparation of highly charged cellulose nanofibrils using high-pressure homogenization coupled with strong acid hydrolysis pretreatments [J]. Carbohydrate Polymers, 2016 (136): 485-492.

[163] SU Y, BURGER C, MA H, et al. Exploring the nature of cellulose microfibrils [J]. Biomacromolecules, 2015, 16 (4): 1201-1209.

[164] MOUNIR EL ACHABY, NASSIMA EL MIRI, HASSAN HANNACHE, et al. Production of cel-

lulose nanocrystals from vine shoots and their use for the development of nanocomposite materials [J]. International Journal of Biological Macromolecules, 2018 (1170: 592–600.

[165] ZHONGXUAN BIAN, XIARAN MIAO, JINYOU LIN, et al. Extraction and structural investigation of jute cellulose nanofibers [J]. Nucl SCI Tech, 2018, 29 (7): 106.

[166] 黄思维. 玉米秆纳米纤维素的提取、表征及应用 [D]. 南京: 南京林业大学, 2017.

[167] CHIRAYIL C J, JOY J, MATHEW L, et al. Isolation and characterization of cellulose nanofibrils from Helicteres isora plant [J]. Industrial crops and products, 2014 (59): 27–34.

[168] DHEERAJ AHUJA, ANUPAMA KAUSHIK, MANDEEP SINGH. Simultaneous extraction of lignin and cellulose nanofibrils from wastejute bags using one pot pre–treatment [J]. International Journal of Biological Macromolecules, 2018 (107): 1294–1301.

[169] DENG Q P, LI D G, ZHANG J P. Ftir anlysis on changes of chemical structure and compostions of waterlogged archaeological wood [J]. Journal of Northwest Forestry University, 2008, 23 (2): 149–153.

[170] BOZIC M, MAJERIC M, DENAC M, et al. Mechanical and barrier properties of soy protein isolate films plasticized with a mixture of glycerol and dendritic polyglycerol [J]. Journal of Applied Polymer Science, 2015, 132 (17): 41837.

[171] GUERRERO P, KERRY J P, DE LA CABA K. FTIR characterization of protein– Polysaccharide interactions in extruded blends [J]. Carbohydrate Polymers, 2014, 111 (10): 598–605.

[172] S LI, GUO G, N XI, et al. Selective Liquefaction of Lignin from Bio–ethanol Production Residue Using Furfuryl Alcohol [J]. BioResources, 2013, 8 (3): 4563–4573.

[173] CHEN Y W, LEE H V, JUAN J C, et al. Production of new cellulose nanomaterial from red algae marine biomass Gelidium elegans [J]. Carbohydrate Polymers, 2016, 151: 1210–1219.

[174] HUIRU LIU, MENGSHUAI LIU, XINGCHEN ZHANG. The development in cellulose solvent systems [J]. Materials Review, 2011, 18 (7): 135–139.

[175] 崔玉虎. 新溶剂体系中纤维素的溶解与再生研究 [D]. 西安: 西安交通大学, 2017, 1–78.

[176] HSU Y Y, GRESSER J D, TRANTOLO D J, et al. Effect of polymer foam morphology and density on kinetics of in vitro controlled release of isoniazid from compressed foam matrices [J]. Journal of Biomedical Materials Research Part A. 1997, 35 (1): 107–116.

[177] ZHOU J, CHANG C, ZHANG R, et al. Hydrogels prepared from unsubstituted cellulose in NaOH/urea aqueous solution [J]. Macromolecular Bioscience, 2007, 7 (6): 804–809.

[178] 陈佳慧. 石墨烯/纳米纤维复合气凝胶的制备、性能及其应用研究 [D]. 武汉: 武汉纺织大学, 2017.

[179] ABEER M M, AMIN M, IQBAL M C, et al. A review of bacterial cellulose–based drug delivery systems: their biochemistry, current approaches and future prospects [J]. The Journal of Pharmacy and Pharmacology, 2014, 66 (8): 1047–1061.

[180] CAI H, SHARMA S, LIU W, et al. Aerogel microspheres from natural cellulose nanofibrils and their application as cell culture scaffold [J]. Biomacromolecules, 2014, 15 (7): 2540–

2547.

[181] CIOLACU D, RUDAZ C, VASILESCU M, et al. Physically and chemically cross-linked cellulose cryogels: Structure, properties and application for controlled release [J]. Carbohydrate Polymers, 2016 (151): 392-400.

[182] 赵林燕. 功能型纤维素基复合气凝胶的制备及其在有机污水处理中的应用 [D]. 石河子: 石河子大学, 2018.

[183] JIAO C, XIONG J, TAO J, et al. Sodium alginate/graphene oxide aerogel with enhanced strength-toughness and its heavy metal adsorption study [J]. International Journal of Biological Macromolecules, 2016 (83): 133-141.

[184] 张可心. 改性生物质材料对水中染料的吸附特性研究 [D]. 哈尔滨: 东北农业大学, 2019.

[185] GEORG POUR, CHRISTIAN BEAUGER, ARNAUD RIGACCI, et al. Xerocellulose: lightweight, porous and hydrophobic cellulose prepared via ambient drying [J]. Journal of materials science, 2015 (50): 4526-4535.

[186] EIDE O K, YSTENES M, STØVNENG J A, et al. Investigation of ion pair formation in the triphenylmethyl chloride-trimethyl aluminium system, as a model for the activation of olefin polymerization catalyst [J]. Vibrational spectroscopy, 2007 (43): 210-216.

[187] SUN L, FUGETSU B. Graphene oxide captured for green use: Influence on the structures of calcium alginate and macroporous alginic beads and their application to aqueous removal of acridine orange [J]. Chemical Engineering Journal, 2014, 240 (3): 565-573.

[188] LAMAMING J, HASHIM R, LEH C P, et al. Properties of cellulose nanocrystals from oil palm trunk isolated by total chlorine free method [J]. Carbohydrate Polymers, 2016, 156 (1): 409-416.

[189] KUCUK M, KORKMAZ Y. Sound absorption properties of bilayered nonwoven composites [J]. Fibers and Polymers, 2015, 16 (4): 941-948.

[190] KORUK H, GENC G. Investigation of the acoustic properties of bio luffa fiber and composite materials [J]. Materials Letters, 2015, 157 (10): 166-168.

[191] XIANG H, WANG D, Liua H. Investigation on sound absorption properties of kapok fibers [J]. Chinese Journal of Polymer Science, 2013, 31 (5): 521-529.

[192] CHANGJIE CHEN, GUICUI CHEN, GUANGXIANG SUN, et al. Windmill Palm Fiber/Polyvinyl Alcohol Nonwoven Fibrous Polymeric Materials [J]. Journal of Engineered Fibers and Fabrics, 2016, 11 (4): 1-9.

[193] HONGWEI LI, PENG WANG. The Research Progress of the Acoustic Absorbing Metamaterials [J]. Development and Application of Materials, 2019, 34 (3): 6-15.

[194] YONGQUAN QING, YANSHENG ZHENG, FALONG WANG. Preparation and Properties of ZnO/Polydimethylsiloxane Superhydrophobic Films [J]. China Plastics Industry, 2013, 41 (7): 108-111.

[195] CHUN-YAN MO, YAN-SHENG ZHENG, FA-LONG WANG. Preparation and TiO$_2$/Polydimethylsiloxane Superhydrophobic Coating and Its Anticorrosive Property [J]. China

Plastics Industry, 2015, 43（2）：125-135.

[196] JIAN-YU YIN, YONG LIU, ZHIGUO WANG. Research Progress of Superhydrophobic Coatings [J]. Chinese Journal of Colloid & Polymer, 2019, 37（2）：82-85.

[197] MAHFOUDHI, N., & BOUFI, S. Nanocellulose as a novel nanostructured adsorbent for environmental remediation: A review [J]. Cellulose, 2017, 24（3）：1171-1197.

[198] FRANCE K J D, HOARE T, CRANSTON E D. Review of hydrogels and aerogels containing nanocellulose [J]. Chemistry of Materials, 2017, 29（11）：4609-4631.

[199] HAMEDI M, KARABULUT E, MARAIS A, et al. Nanocellulose aerogels functionalized by rapid layer-by-Layer assembly for high charge storage and beyond [J]. Angewandte Chemie International Edition, 2013, 52（46）：12038-12042.

[200] LAVOINE N, BERGSTRÖM L. Nanocellulose-based foams and aerogels：Processing, properties, and applications [J]. Journal of Materials Chemistry A, 2017, 5（31）：16105-16117.

[201] NYSTRÖM G, MARAIS A, KARABULUT E, et al. Self-assembled three-dimensional and compressible interdigitated thin-film supercapacitors and batteries [J]. Nature communications, 2015, 6（5）：1-7.

[202] CARPENTER A W, DE LANNOY C F, WIESNER M R. Cellulose nanomaterials in water treatment technologies [J]. Environmental Science & Technology, 2015, 49（9）：5277-5287.

[203] HABIBI Y. Key advances in the chemical modification of nanocelluloses [J]. Chemical Society Reviews, 2014, 43（5）：1519-1542.

[204] MOHAMMED N, GRISHKEWICH, N., TAM, K. C. Cellulose nanomaterials：Promising sustainable nanomaterials for application in water/wastewater treatment processes [J]. Environmental Science Nano, 2018, 5（3）：623-658.

[205] MORAIS J P S, ROSA M F, FILHO M M S, et al. Extraction and characterization of nanocellulose structures from raw cotton linter [J]. Carbohydrate Polymers, 2013, 91（1）：229-235.

[206] KOBRA RAHBAR SHAMSKAR, HANNANEH HEIDARI, ALIMORAD RASHIDI. Study on Nanocellulose Properties Processed Using Different Methods and Their Aerogels [J]. Journal of Polymers and the Environment, 2019, 27（7）：1418-1428.

[207] YUE YIYING, ZHOU CHENGJUN, FRENCH ALFRED D, et al. Comparative properties of cellulose nano-crystals from native and mercerized cotton fibers [J]. Cellulose, 2012, 19（4）：1173-1187.

[208] 刘鹤. 纤维素纳米晶体及其复合物的制备与应用研究 [D]. 北京：中国林业科学研究院, 2011.

[209] 焦晨璐. 微晶纤维素基气凝胶的制备及对重金属、染料的吸附降解性研究 [D]. 苏州：苏州大学, 2017.

[210] BILAL M, SHAH J A, ASHFAQ T, et al. Waste biomass adsorbents for copper removal from industrial wastewater-A review [J]. Journal of Hazardous Materials, 2013, 263（12）：322-333.

[211] MITTAL A, MITTAL J, MALVIYA A, et al. Adsorption of hazardous dye crystal violet from

wastewater by waste materials〔J〕. Journal of Colloid and Interface Science, 2010, 343（2）: 463-473.

［212］ TAN K B, VAKILI M, HORRI B A, et al. Adsorption of dyes by nanomaterials: Recent developments and adsorption mechanisms〔J〕. Separation and Purification Technology, 2015, 150（8）: 229-242.

［213］ YAGUB M T, SEN T K, AFROZE S, et al. Dye and its removal from aqueous solution by adsorption: A review〔J〕. Advances in Colloid and Interface Science, 2014, 209（7）: 172-184.

［214］ LIU Y, WANG J, ZHENG Y, et al. Adsorption of methylene blue by kapok fiber treated by sodium chlorite optimized with response surface methodology〔J〕. Chemical Engineering Journal, 2012, 184（3）: 248-255.

［215］ TAO J, XIONG J, JIAO C, et al. Hybrid Mesoporous Silica Based on Hyperbranch-Substrate Nanonetwork as Highly Efficient Adsorbent for Water Treatment〔J〕. ACS Sustainable Chemistry & Engineering, 2016, 4（1）: 60-68.

［216］ NONG JINGYUAN, ZOU ZHENG, YANG HUIYUE, et al. Preparation of cellulose aerogel and adsorption properties on congo red〔J〕. Journal of northeast forestry university, 2019, 47（2）: 95-103.

［217］ 刘澜. 改性稻秆吸附剂表征及处理亚甲基蓝溶液的吸附性能研究〔D〕. 重庆: 重庆大学, 2011.

［218］ 张洁欣. 荷电纳滤膜分离小分子有机物的特性研究〔D〕. 天津: 天津工业大学, 2012.

［219］ SIVARAJR, NAMASIVAYAMC, KADIRVELUK. Orange peel as an adsorbent in the removal of acid violet17（acid dye）from aqueous solutions〔J〕. Waste Manage, 2001, 21（4）: 105-110.

［220］ MEI YANG, RUN-JUN SUN, HONG-HONG WANG. Adsorption Characteristics of Chitosan/PVA Nanofiber Membrane on Methyl Orange〔J〕. Synthetic Fiber in China, 2019, 48（1）: 15-20.

［221］ MEEHAN C, BJOURSON A J, MCMULLAN G. Paenibacillus azoreducens sp. nov., a synthetic azo dye decolorizing bacterium from industrial wastewater〔J〕. International Journal of Systematic and Evolutionary Microbiology, 2001, 51（9）: 1681-1685.

［222］ CHAO W L, LEE S L. Decoloration of azo dyes by three white rot fungi: influence of carbon source〔J〕. World Journal Microbiology Biotechnology, 1994, 10（5）: 556-559.

［223］ CHAOHUI ZHANG, LIMING XIA, JIANPING LIN, et al. Degradation of dyes and dyeing wastewater by Phanerochaete Chrysosporium〔J〕. Journal of Applied and Environmental Biology, 2001, 7（4）: 382-387.

［224］ YUPING TIAN. Study on Treatment of Dye Wastewater by White Rot Fungus Biological Contact Oxidation〔J〕. Sichuan Chemical Industry, 2009, 12（1）: 37-40.

［225］ LULU FAN, YING ZHANG, XIANGJUN LI, et al. Removal of alizarin red from water environment using magnetic chitosan with Alizarin Redasim-printed molecules〔J〕. Colloid sand Surfaces B: Biointerfaces, 2012, 91（1）: 250-257.

［226］SARMAGK，SENGS，BHATTACHARYYAKG. Adsorption of crystal violet on raw and acidtreated montmorillonite，K10，in aqueous suspension ［J］. Journal of Environmental Management，2016（171）：1-10.

［227］ZHAO J，LIU J，LI N，et al. Highly efficient removal of bivalent heavy metals fromaqueous systems by magnetic porous $Fe_3O_4-MnO_2$：adsorption behavior and process study ［J］. Chemical Engineering Journal，2016（304）：737-746.

［228］BANERJEE SS，CHEN DH. Fast removal of copper ions by gum arabic modified magnetic nano-adsorbent ［J］. Journal of Hazardous Materials，2007，147（3）：792-799.

［229］LI Y-H，DING J，LUAN Z，et al. Competitive adsorption of Pb^{2+}，Cu^{2+} and Cd^{2+} ions from aqueous solutions by multiwalled carbon nanotubes ［J］. Carbon，2003，41（14）：2787-2792.

［230］CHATTERJEE S，CHATTERJEE S，CHATTERJEE BP，et al. Adsorptive removal of congo red，a carcinogenic textile dye by chitosan hydrobeads：Binding mechanism，equilibrium and kinetics ［J］. Colloids and Surfaces A：Physicochemical and Engineering Aspects，2007，299（1）：146-152.

［231］BOYAN HUANG. Adsorption effect of pomelo peel cellulose-based hydrogel on heavy metal irons ［J］. Journal of heze university，2018，40（2）：62-65.

［232］王小娟. 基于微晶纤维素的跨尺度气凝胶的制备及吸附性能研究 ［D］. 苏州：苏州大学，2017.

［233］TANG H，ZHOU W，ZHANG L. Adsorption isotherms and kinetics studies of malachite green on chitin hydrogels ［J］. Journal of Hazardous Materials，2012，209（39）：218-225.

［234］ZHANG W，ZHOU C，ZHOU W，et al. Fast and considerable adsorption of methylene blue dye onto graphene oxide ［J］. Bulletin of Environmental Contamination and Toxicology，2011，87（1）：86.

［235］WANG L，ZHANG J，ZHAO R，et al. Adsorption of Pb（II）on activated carbon prepared from Polygonum orientale Linn.：kinetics，isotherms，pH，and ionic strength studies ［J］. Bioresource technology，2010，101（15）：5808-5814.